中德机械与能源工程人才培养创新教材

典型机构技术指南
——认识—分析—设计—应用

林　松　主编

上海科学技术出版社

内 容 提 要

本书根据德国机构传动系统设计的技术标准,精选出传动机构和导向机构在各个行业中成功应用的典型范例,对其进行了全面的技术描述。全书对每一个机构的描述涵盖四个方面:从结构组成方面对机构的认识,从机构运动和动力特性方面对机构的分析,为满足复杂运动任务对机构的运动综合,以及根据机构所具备的功能扩展机构的应用。本书参照德国技术指导标准的书写规范,结合编者在机构学领域里长期积累的研究及教学成果,基于"认识—分析—设计—应用"的技术指导原则,给出了每个环节所需的技术路线、计算公式、技术评估方法等。本书以表格形式展开技术描述,图文并茂、言简意赅、书写规范。本书不仅便于初学者快速入门,还为从事机构分析和设计的技术人员提供了一个实用的工具,为从事机构学研究和创新设计的人员提供了灵感思维的基础。

本书可作为技术手册,供高等院校相关专业的学生、从事相关工作的技术人员和研究人员,在日常学习、工作中参考使用。

图书在版编目(CIP)数据

典型机构技术指南:认识—分析—设计—应用 / 林松主编. —上海:上海科学技术出版社,2019.5
中德机械与能源工程人才培养创新教材
ISBN 978 - 7 - 5478 - 4320 - 8

Ⅰ.①典… Ⅱ.①林… Ⅲ.①机构学-教学研究-高等学校-文集 Ⅳ.①TH111 - 53

中国版本图书馆 CIP 数据核字(2019)第 047618 号

典型机构技术指南——认识—分析—设计—应用
林 松 主编

上海世纪出版(集团)有限公司 出版、发行
上海科学技术出版社
(上海钦州南路 71 号 邮政编码 200235 www.sstp.cn)
上海盛通时代印刷有限公司印刷
开本 787×1092 1/16 印张 7
字数 150 千字
2019 年 5 月第 1 版 2019 年 5 月第 1 次印刷
ISBN 978 - 7 - 5478 - 4320 - 8/TH·78
定价:30.00 元

丛书编委会

丛书序

在教育部和同济大学的支持下,同济大学人才培养模式创新实验区已经走过 10 个春秋。中德机械与能源工程人才培养模式创新实验区(简称莱茵书院)作为其中一员,自 2014 年开办以来,以对接研究生培养为主要目标,依托同济大学对德合作平台,探索并实践了双外语、宽口径、厚基础和学科交叉融合的人才培养模式,在学校和家长中得到了积极的响应。

本丛书是莱茵书院办学至今的部分成果汇报,主要包括两个部分:

一部分是根据机械、能源学科对于人才的要求,借鉴德国数学类课程体系,形成数学基本理论在学科内应用的案例教学,为研究生阶段学习奠定扎实基础。四本教材(《常微分方程典型应用案例及理论分析》《数学建模典型应用案例及理论分析》《数理方程典型应用案例及理论分析》《数值分析典型应用案例及理论分析》)中,编委们以高等院校工科学生的培养目标为准绳,以实际工程案例为切入点,进行数理知识点的分析与重构,提高工科学生的专业学习能力与分析问题、解决问题的能力。

另一部分是中德双语特色教学课程——机械原理的成果,该案例借鉴了德国亚琛工业大学、德累斯顿工业大学等优秀综合性大学的"机构学"教学经验和案例,结合了国内机械类专业本科生教学目标和知识点指标。《典型机构技术指南——认识—分析—设计—应用》是学生机构分析的案例汇编,该指南以加深学生理论基础、提升学生知识运用能力为目标,倾注了任课教师和莱茵书院学生的大量心血。

本丛书虽然是莱茵书院教学成果,亦可用作在校机械或能源类本科生和研究生辅导教材,或供相关专业在职人员参考。

在丛书出版之际,我代表莱茵书院工作组,对同济大学及其本科生院领导的支持表示诚挚感谢。在莱茵书院创办过程中,同济大学公共英语系教学团队为莱茵书院打造了特色课程体系,中德学院和留德预备部教学团队为莱茵书院的教学和学生培养提供了有力的支撑,在此也表示衷心感谢。感谢同济大学机械与能源工程学院的支持。特别感谢莱茵书院工作组成员,大家克服困难,创建了莱茵书院,其中的彷徨、汗水和泪水最终与喜悦的成果汇合,回报了大家的初心。感谢丛书的编写者,是你们的支持保证了莱茵书院的正常教学,也推进了莱茵书院的教学实践。

尽管本丛书编写力求科学和实用,但是由于时间仓促,难免有不尽如人意之处,还望读者批评指正。

李峥嵘 教授

同济大学

2019 年 1 月于上海

前　言

　　本书以同济大学莱茵书院的机械原理课程教学为内容基础，通过对学生大作业进行整理编辑而成。全书涵盖了众多的机构传动方案，每个机构传动方案都选自德国相关应用领域的实例，如德国经济生产委员会（Ausschuß für Wirtschaftliche Fertigung，AWF）和德国机械工程协会（Verband Deutscher Maschinen-und Anlagenbau，VDMA）的机构传动图册，具有很强的实践性。本书是我们从所有的机械原理大作业中精选出的一部分，所有结果都将作为机构数字化模型库的可用数据，供高校师生和工程技术人员在产品创新和技术改进工作中参考。

　　机械原理大作业共分为五个部分：

　　1. 机构基本信息

　　机构技术资料的数据管理和机构系统在结构、运动、动力、应用方面的技术特征。

　　2. 机构的认识

　　从机构的具体结构到抽象模型，即从机构的结构图提炼出机构简图，导出运动链，认识机构的结构组成、构件和运动副，以及它们的排列和连接等特征。

　　3. 机构的分析

　　建立机构的传动关系，分析计算机构的位置、速度、加速度、力传动和驱动特性。

　　4. 机构的设计

　　通过改变机构运动简图参数，分析机构功能与特性的改变规律，为设计者提供机构参数改变的技术指导，从而优化机构设计。

　　5. 机构的应用

　　根据所分析的机构功能和特性，列举应用实例，从"功能—原理—结构"这一顺序分析机构，明确机构的输入输出构件、机构功能、机构工作原理和机构应用场合。

　　全书技术资料选自同济大学莱茵书院 2013 级同学在机械原理创新教学中的大作

1

业,他们是冯时、张昱晖、刘琛、刘杨博焜、刘一鹏、赵振宇、林新栋、乔文韬、钱韡恺。

在此基础上,同济大学中德学院德国 CONTACT-Software 基金教席对全书内容进行了审核、修改、补充和整理。全书由教席主任林松教授担任主编,王瀚超博士担任副主编,完成了本书的规划、组织、管理和实施。基金教席参加后续整理工作的人员还有江竞宇、张宇、何军、徐晨、薛可、赵又燃。在此,编者向参与本书撰写工作的所有人员表示由衷感谢,并高度赞赏参与人员对此书所做出的每一份贡献。

由于全书内容基于学生习作,整理时间紧迫,成书难免存在不足之处,敬请读者见谅并不吝指出。

编 者

目 录

第 1 部 分

机构功能特性评价体系

1. 机构构件及运动副的分类与识别

表 1－1　机构构件和运动副分类与识别

名　称	代号	类型	示　意　图	基　本　符　号	选　用　符　号	自由度	引入约束	
							转动	移动
球与球面副		空间1级高副	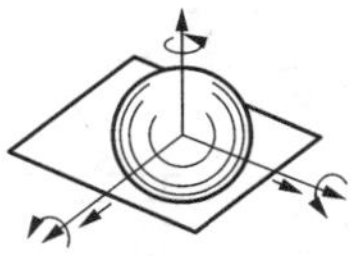	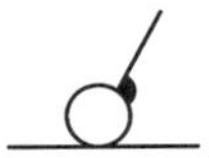		5	0	1
圆柱与平面副		空间2级高副	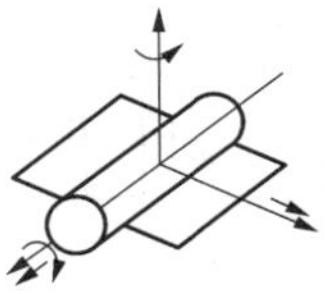			4	1	1
球与圆柱副		空间2级高副	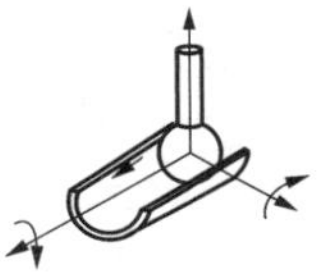	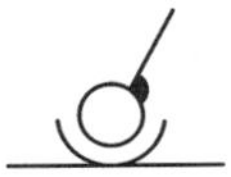		4	0	2
球面副	S	空间3级低副	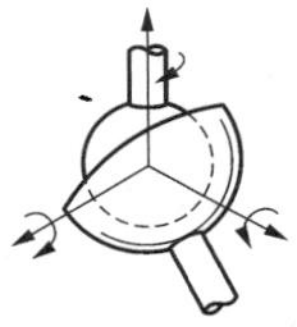			3	0	3
平面副	E	空间3级低副	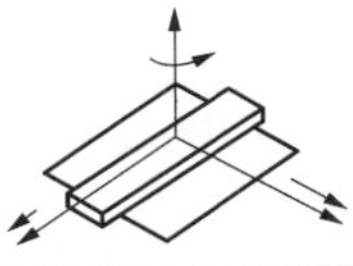			3	2	1
球销副	S	空间4级低副	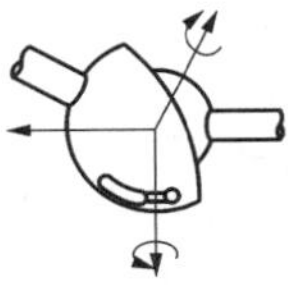			2	1	3
圆柱副	C	空间4级低副	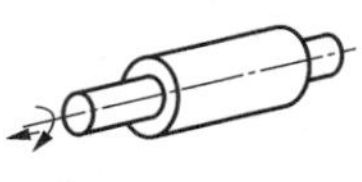		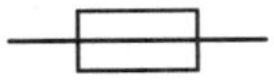	2	2	2
平面高副		平面4级高副				2	2	2

3

名　称	代号	类型	示　意　图	基　本　符　号	选　用　符　号	自由度	引入约束	
							转动	移动
螺旋副	H	空间5级低副	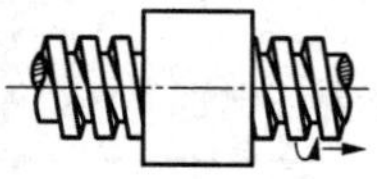			1	2或3	3或2
移动副	P	平面5级低副	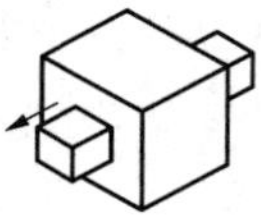		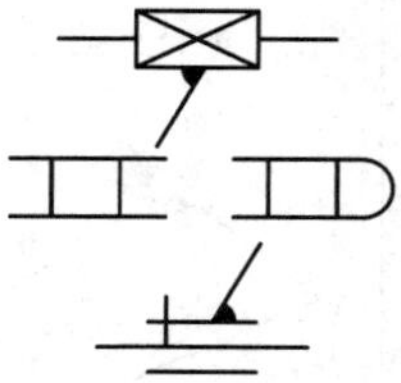	1	3	2
转动副	R	平面5级低副		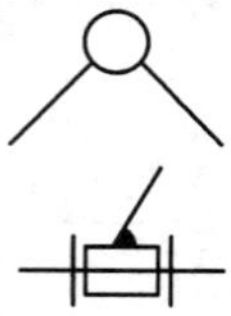	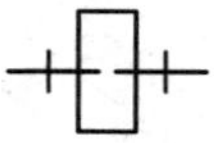	1	2	3

2. 机构输入输出工作特性

表 1 - 2　机构输入输出工作特性

运动规律		实　例		单向转动 R	往复移动 M	平面导向 运动 G
传动 运动 (转动 Ri)	单向转动	 图	万向轴	R - R1	M - R1	G - R1
	单向匀速转动	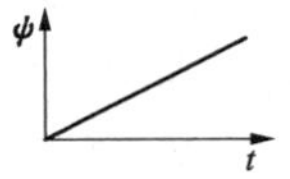 图	齿形传动带机构	R - R2	M - R2	G - R2
	单向间歇转动	 图	电影输片	R - R3	M - R3	G - R3
	带有波动的单向转动	 图	棉精梳机	R - R4	M - R4	G - R4
	往复转动	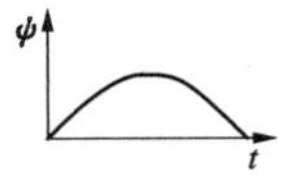 图	雨刷	R - R5	M - R5	G - R5
	往复间歇转动	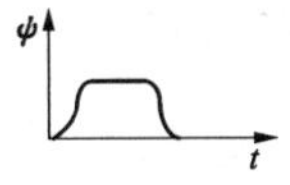 图	织布机负荷运动	R - R6	M - R6	G - R6
	带有波动的往复转动	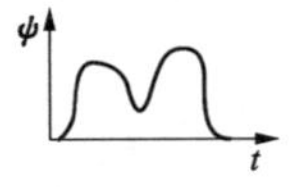 图	加标记	R - R7	M - R7	G - R7
传动 运动 (移动 Mj)	单向直线移动	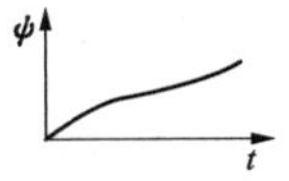 图	传动带运输机	R - M1	M - M1	G - M1
	往复直线移动	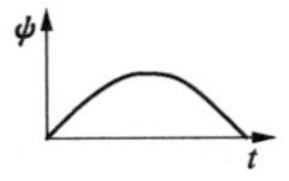 图	剃刀	R - M2	M - M2	G - M2
	往复间歇移动	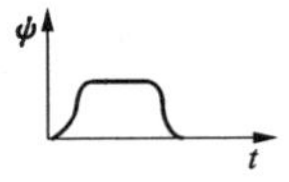 图	气门挺杆	R - M3	M - M3	G - M3
	带有波动的往复移动	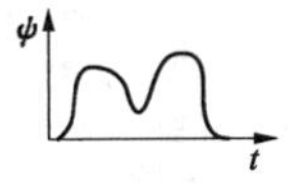 图	冲洗机	R - M4	M - M4	G - M4

续　表

运动规律		实　例		单向转动 R	往复移动 M	平面导向运动 G
导向运动 (G*k*)	点在圆上	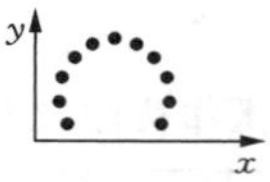	滚动回转装置	R - G1	M - G1	G - G1
	点在直线上	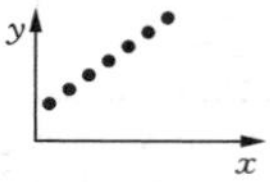	直线导向运动	R - G2	M - G2	G - G2
	点在一般曲线上	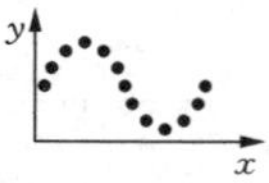	从动件上的一点经过预定的点	R - G3	M - G3	G - G3
	刚体平移	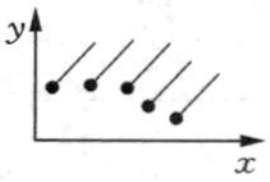	有轨电车	R - G4	M - G4	G - G4
	刚体转动	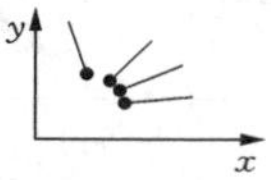	车门铰链	R - G5	M - G5	G - G5

3. 输出构件与输入构件转轴的相对几何位置

表 1-3　输出构件与输入构件转轴的相对位置

相对位置关系	S_{ij}	α_{ij}
同　轴	0	0°
平　行	≠ 0	0°
相　交	0	≠ 0°
正　交	0	90°
异　面	≠ 0	≠ 0°

　　从动件与主动件转轴的相对位置有以下几种情况：同轴、平行、相交、正交和异面，其中 S_{ij} 是转轴 l_1 和转轴 l_2 之间的距离，α_{ij} 是两转轴之间的夹角。

4. 机构传动函数特征明细

1）从动件运动速度阶段性增大或减小

从动件在其运动周期内速度不是定值，那么该周期内必有一个平均速度，其瞬时速度有时比平均速度大，有时比平均速度小，其传动比通常情况下也随着主动件位置的变化而变化，如图1-1所示。

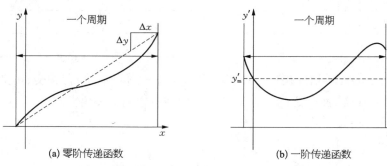

(a) 零阶传递函数　　　　　　(b) 一阶传递函数

图1-1　从动件瞬时速度有变化的传递函数图

2）从动件在运动过程中有停歇

如图1-2所示，对于间歇性能的评估，按第0次传递函数开始的顺序，在无限接近点处有共同的水平切线，切线阶数越高，间歇性能越好。

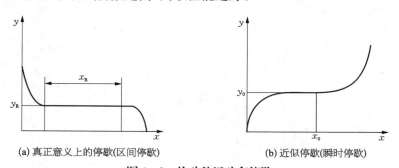

(a) 真正意义上的停歇(区间停歇)　　　　　(b) 近似停歇(瞬时停歇)

图1-2　从动件运动有停歇

3）带有波动的往复运动曲线

往复运动是指从动件在运动过程中运动方向发生变化，反映在零阶传递函数上就是在一个周期内其运动方向变化次数为偶数，反映在一阶传递函数上就是其阶导函数值符号发生变化，在一阶导数函数值为零的地方就是运动方向发生变化的位置，如图1-3所示。

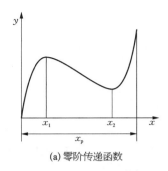 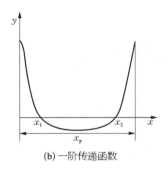

（a）零阶传递函数　　　　　　　　（b）一阶传递函数

图 1-3　从动件做往复运动

4）机构的传递函数具有对称性

传递函数 $y(x)$ 图像可以被分为对称或非对称性的，对于传递函数对称的又可以分为点对称（图 1-4a）或轴对称（图 1-4b）。传递函数的对称性在实际中得到广泛应用，例如重型卡车的转向机构运动就是点对称运动。

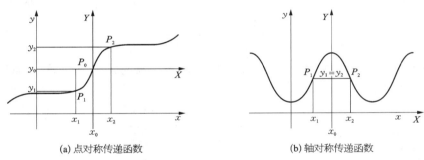

（a）点对称传递函数　　　　　　　　（b）轴对称传递函数

图 1-4　机构的传递函数对称

5）输入输出呈线性关系

非等传动比机构的特征是传动比不恒定。然而，对于给定运动任务的传递函数而言，要求输入输出之间的大小有一部分是线性关系。下面给出传递函数具有线性段的例子（0 次或 1 次），该例子的传递函数曲线如图 1-5 所示。

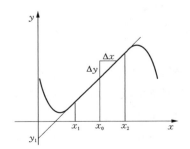 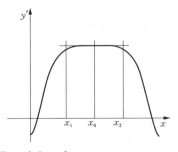

图 1-5　传递函数的比例带（0 次和 1 次）

9

5. 机构导向特征明细

1）轨迹类型

（1）对称轨迹。根据对称形式分为四种类型：点对称、单轴对称、双轴对称和多轴对称，如图 1-6 所示。

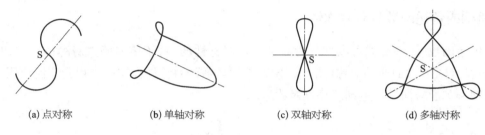

(a) 点对称 (b) 单轴对称 (c) 双轴对称 (d) 多轴对称

图 1-6　对称轨迹

（2）圆形轨迹。作为一种特殊形状的轨迹，轨迹中有时是完整的圆，有时则是部分圆，如图 1-7 所示。

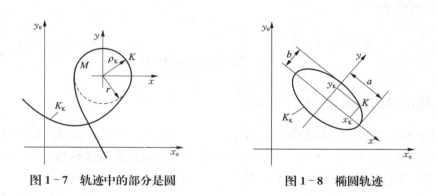

图 1-7　轨迹中的部分是圆　　　　图 1-8　椭圆轨迹

（3）椭圆轨迹。同样地，有时需要输出构件能实现完整的椭圆或部分椭圆，如图 1-8 所示。

（4）直线轨迹。因为技术需求，有时需要一种特殊的轨迹——直线轨迹。这种部分轨迹是直线或者完整轨迹是直线的特点是，曲率半径无限大，也就是说曲率中心在垂直于直线路径的无穷远处。

（5）摆线针轮轨迹。摆线是一种特殊的轨迹曲线，当一个齿轮在固定齿条上滚动时，就可以通过一个在该齿轮上的点的运动来描述摆线轨迹。

2）轨迹/连杆曲线的方向

平面导向运动的导向点的轨迹曲线主要有变向和同向两种情况。

（1）变向。在一个运动循环中，构件上的一点 K 沿着开放或封闭的轨迹曲线 K_K 进行偶数次方向的变化，从而产生一条方向交替变化的连续曲线轨迹，如图 1-9a 所示。

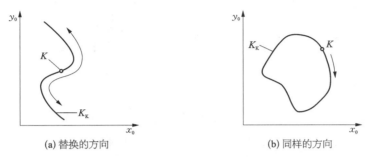

（a）替换的方向 　　　　　（b）同样的方向

图 1-9　轨迹曲线的通过性

（2）同向。同向的情况一般对应于封闭的运动轨迹，即构件上一点 K 在一个运动循环中运动的轨迹必须是封闭的，而且运动过程中方向没有发生变化或方向发生了奇数次改变；如图 1-9b 所示。

3）连杆标线的姿态

导向构件的导向任务包括预先给定的构件角位置和构件上运动参考点的位移两个因素，导向构件需要按照一定的顺序满足这两个要求。这可以通过连杆标线的角度来确定导向构件需要满足的角位置需求。连杆标线的方向角一般分为角位置平行、角位置对称和一般角位置。

4）连杆标线的角度特性

导向构件是按照给定的连杆标线的角度变化要求，通过一系列连杆标线的姿态，实现特定的导向任务。

根据从动件是否单向转动（相同的方向），还是变向转动，可以更进一步地描述异向构件不同运动特点。一般来说，导向的连杆是由连续的或者变化的角度来定位的，连续或变化的角度特性的区别是由导向构件的连杆标线相对于固定参考系的定位角度决定的。

（1）整周转运动。整周转运动是指导向连杆的标线朝着一个方向的转动，其特征在于引导的输出构件在整个机构运动周期内相对于固定参考系的角度是单调的，如图 1-10a 所示。

（2）往复摆动运动。输出构件在运动周期内做往复摆动，往复摆动运动方向变化为偶数次时,连杆标线相对于固定的参考系的角度取往复运动的平均值,如图 1 - 10b 所示。

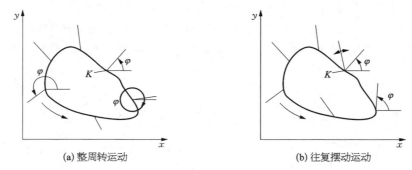

(a) 整周转运动   (b) 往复摆动运动

图 1 - 10   整周转与往复摆动

在一定的角度范围内摆动旋转,可以把角度范围再细分如下:旋转角度为 $0° \sim 100°$;旋转角度为 $100° \sim 180°$;旋转角度为 $180° \sim 360°$;旋转角度大于 $360°$。

5) 输出和输入关系

原则上,导向运动任务是通过生成输出运动而完成的,被导向的杆或者点应该通过给定的位置顺序。也就是说,它可能需要实现导向输出和主动件输入之间的一种特定的关系。这种情况是描述一种和输入相关的导向运动任务。如果导向任务是独立于输入运动的,那么这个运动任务就不是与输入相关的导向运动任务。因此,导向运动的输出和输入之间的关系有两种情况:与输入相关的导向输出和与输入不相关的导向输出。

第 2 部 分

机构数字化模型技术指南

1．AWF639－B07：曲柄十字滑块四杆机构

机构数字化模型技术指南

同济大学莱茵书院
机械原理大作业

机构名称	曲柄十字滑块四杆机构
编写人员	冯　时
审核人员	LEP 2017、2018
完成时间	2017 年秋季学期

机构名称	曲柄十字滑块四杆机构				
原始编号	AWF639－B07	编写人员	冯　时	编写日期	2017 年 9 月 8 日
LEP 编号	LEP0011	审核人员	LEP2017、2018	审核日期	2018 年 9 月 23 日
简要信息	结构特征	有两个转动副，两个移动副的四杆机构，主动曲柄偏置			
	运动学特征	将旋转柄运动转化为直线运动			
	动力学特征	主动力为驱动力矩，并有一定工作阻力，驱动力矩随角度变化			
	应用特征	用于需要往复移动的机构如缝纫机、打桩机等			

Ⅰ　机构认识

实体结构图

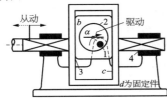

1. 机构结构及信息

1）资料来源	AWF639－B07
2）创建日期	1932 年 1 月
3）总体尺寸	130 mm×130 mm
4）制造材料	金属
5）运动维度	平面

运动简图

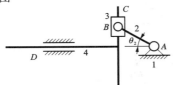

2. 机构简图及尺寸

1）机构类别	平面四杆机构

2）运动副个数及类型

转动副	移动副	高　副	其他运动副
2	2	—	—

3）机构简图尺寸

$l_{2(AB)} = 8$ mm

运动链图

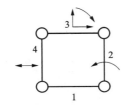

3. 运动链图及组成

构件功能	数　量	构件编号
1）主动件	1	构件 2
2）从动件	1	滑块 4
3）Ⅱ级杆组	1	构件 3－4
4）Ⅲ级杆组	—	—
5）Ⅳ级杆组	—	—
6）其他构件组	—	—

转动：⌒；移动：↔；平面运动：↱

Ⅱ 机构分析	
4. 运动形式	
1) 主动件及驱动方式	构件 2 单向转动
2) 从动件及运动方式	构件 4 往复移动
3) 运动任务	构件 2 单向转动,通过滑块 3 带动构件 4 做往复移动
4) 输出与输入构件的相对位置	输出构件 4 的导向中心线与构件 2 的转轴垂直相交

5. 机构特性

<table>
<tr><td rowspan="5">1) 自由度</td><td>活动构件数</td><td>低 副 数</td><td>高 副 数</td><td>虚 约 束</td></tr>
<tr><td>$n=3$</td><td>$g_1=4$</td><td>$g_2=0$</td><td>—</td></tr>
<tr><td>局部自由度</td><td>特殊构件连接</td><td>特殊几何关系</td><td>其他约束</td></tr>
<tr><td>—</td><td>—</td><td>—</td><td>—</td></tr>
<tr><td>机构自由度</td><td colspan="3">$F=3n-2g_1-g_2$
$F=3\times3-2\times4-0=1$</td></tr>
</table>

2) 周转副个数及分布	周转副个数	2
	周转副分布	12,23

3) 机构运动几何空间

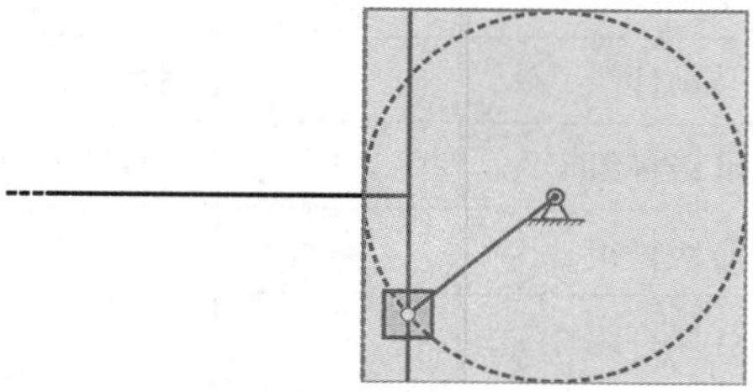

分析方法与步骤:
① 各构件运动极限位置(右图)
② 各构件运动范围(右图)
③ 所有构件运动范围的外包络线(左图)

工具:
① GeoGebra 运动仿真
② 观察轨迹跟踪仿真

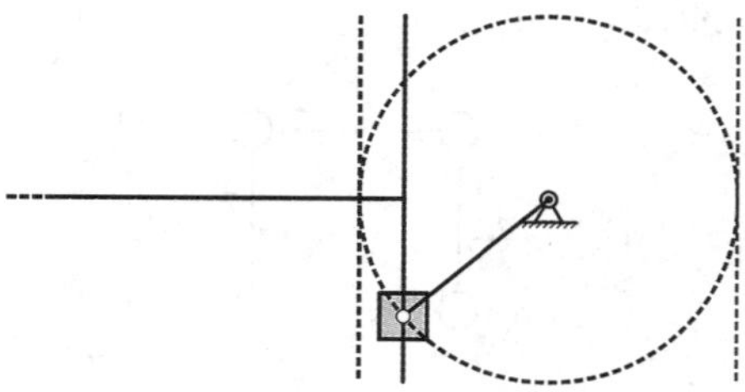

4）传动特性	
（1）压力角和传动角	
压力角/传动角标注 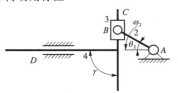	通过对从动件受力和移动分析,可知从动件 4 的速度方向为水平方向,其受力方向垂直于滑块 3 相对于滑块 4 的相对运动方向,故此其压力角恒为 0°,传动角保持为 90°
压力角与主动件转角或位移之间的关系曲线 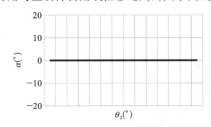	
传动角与主动件转角或位移之间的关系曲线 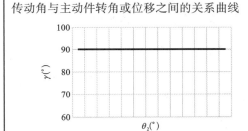	通过对从动件受力和移动分析,可知压力角为 0,可得传动角恒为 90°
（2）传动函数	
● 位移分析	
传递函数参数 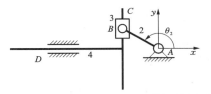	四构件在水平方向上的位移与滑块 3 在水平方向上的位移一致,因此: $$x = l_2 \cos \theta_2$$
输出构件位移与主动件转角之间的关系曲线 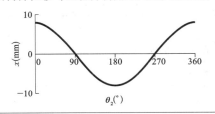	计算方法与步骤: ① 数学模型:　$x = f(\theta_2)$ ② 计算常量:　$l_2 = 8 \text{ mm}$ ③ 计算变量:　$\theta_2 \in [0, 360]$ ④ 代值计算:如左图

19

● 速度分析

| 速度示意图 | 已知：l_2，ω_2
求解：v_4
列出矢量式：
$$v_4 = v_3 + v_{43}$$ |

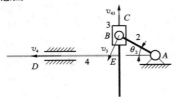

矢量	v_3	v_4	v_{43}
方向	$\perp AB$	$//DE$	$\perp DE$
大小	$\omega_2 l_2$	?	?

速度矢量图

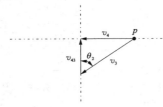

计算方法与步骤：
① 取速度极点 p，选定比例尺
② 计算 v_3 大小：
$$v_3 = \omega_2 l_2$$
③ 过 p 作矢量 v_3，$v_3 \perp AB$
④ 过 v_3 起点 p 水平方向作水平线（v_4 方向线）
⑤ 过 v_3 终点在垂直方向作垂直线（v_{43} 方向线）

输出构件角速度（速度）与主动件转角（位移）之间的关系式

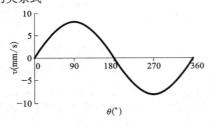

原始方程：
$$v_4 = v_3 + v_{34}$$

推导公式：
$$v_4 = v_3 \sin\theta_2$$

● 加速度分析

加速度示意图

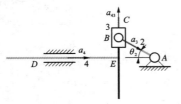

已知：ω_2，l_2
求解：a_4
加速度矢量式：
$$a_4 = a_3 + a_{43}$$

矢量	a_3	a_4	a_{43}
方向	$B \to A$	$//DE$	$//CE$
大小	$\omega_2^2 l_2$	?	?

加速度矢量图	计算方法与步骤： ① 取加速度极点 π ② 计算法向加速度
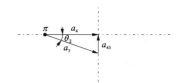	$$a_3 = \omega_2^2 l_2$$ ③ 过 π 作 a_3，$a_3 \parallel AB$ ④ 过 a_3 起点水平方向作水平线（a_4 方向线） ⑤ 过 a_3 终点在垂直方向作垂直线（a_{43} 方向线）
输出构件角加速度（加速度）与主动件转角（位移）之间的关系式 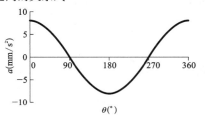	原始方程： $$a_4 = a_3 + a_{43}$$ 计算公式： $$a_4 = a_3 \cos\theta_2$$

5) 力学特性

机构驱动特性

驱动力（矩）与主动件转角（位移）之间的关系式 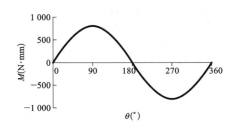	主动件参数	θ，$M_2(\theta)$
	从动件参数	x，F_f
	功能关系	$P = F_f v_4 = M_2 \omega_2$
	驱动特性	驱动力矩 $$M_2(\theta) = \dfrac{F_f v_4}{w_2}$$ $M_2(\theta) = 100 v_4$ $v_4 = v_3 \sin\theta$ $M_2 = 800 \sin\theta$

Ⅲ　机构设计

6. 构件参数对机构特性的影响

设计参数	主动件杆长 l_2
	8 mm

1) 对传动特性的影响

对传动函数的影响

影响曲线 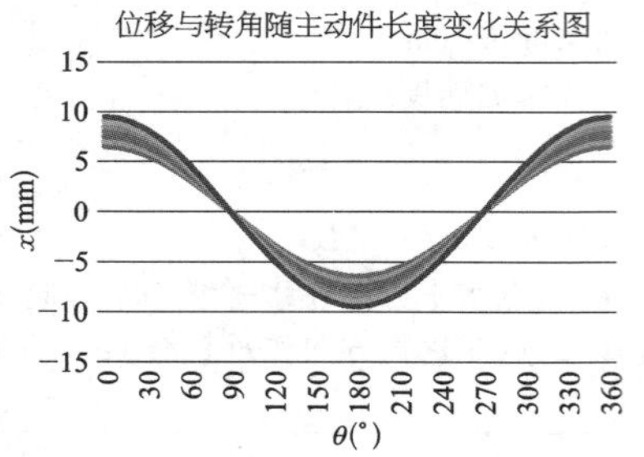	变化参数	主动件杆长 l_2	
位移与转角随主动件长度变化关系图	变化值域	原长（mm）	8
		偏差	20％
		设计值（mm）	6.5,7.0,7.5,8.0,8.5,9.0,9.5
	影响规律	不同的主动件长度影响了整体的运动范围	

2）对驱动特性的影响

影响曲线 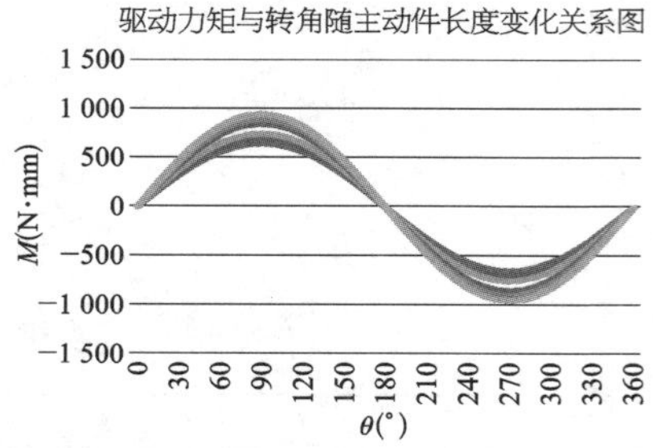	变化参数	主动件杆长 l_2	
驱动力矩与转角随主动件长度变化关系图	变化值域	原长（mm）	8
		偏差	20％
		设计值（mm）	6.5,7.0,7.5,8.0,8.5,9.0,9.5
	影响规律	影响了力矩的最大值	

Ⅳ　机构应用

7. 机构可能的应用领域

应用举例1：缝纫机机针 	应用特征：
	① 缝纫机机针处 ② 缝纫机转动处为主动件,机针为从动件 ③ 当有转矩时,机针向下往复移动,配合纵向或横向的移动可完成缝纫工作 ④ 用于纺织方面
应用举例2：手摇切片机 	应用特征：
	① 用于往复切片处 ② 手摇为主动件,刀片为从动件 ③ 当手摇时可以领刀片往复移动从而切片省力且均匀 ④ 用于家用工具

2. AWF647－B06：平面六杆缝纫机机构

机构数字化模型技术指南

同济大学莱茵书院

机械原理大作业

机构名称	平面六杆缝纫机机构
编写人员	张昱晖
审核人员	LEP 2017、2018
完成时间	2017 年秋季学期

机构名称	平面六杆缝纫机机构				
原始编号	AWF647－B06	编写人员	张昱晖	编写日期	2017 年 5 月 2 日
LEP 编号	LEP0001	审核人员	LEP2017、2018	审核日期	2018 年 9 月 24 日
简要信息	结构特征	有六个转动副,一个移动副的平面六杆机构			
	运动学特征	将旋转运动转换成直线往复运动和平面轨迹异向运动			
	动力学特征	主动力为驱动力矩,驱动力矩随角度变化而变化			
	应用特征	用于需要往复移动的机构如压片机等			

Ⅰ　机构认识

实体结构图

1. 机构结构及信息

1) 资料来源	AWF647－B06
2) 创建日期	1932 年 11 月
3) 总体尺寸	120 mm×65 mm
4) 制造材料	金属
5) 运动维度	平面

运动简图

2. 机构简图及尺寸

1) 机构类别	平面六杆机构		

2) 运动副个数及类型

转动副	移动副	高　副	其他运动副
6	1	—	—

3) 机构简图尺寸

$l_1(AB)=15$ mm	$l_2(BC)=14$ mm	$l_3(AC)=16$ mm
$l_4(CD)=25$ mm	$l_5(DE)=28$ mm	$l_6(CE)=44$ mm
$l_7(DF)=26$ mm	$l_8(BG)=43$ mm	

$\angle ABG=140°$

运动链图

3. 运动链图及组成

构件功能	数　量	构件编号
1) 主动件	2	构件 2,6
2) 从动件	1	构件 4
3) Ⅱ级杆组	2	构件 3－4,5－6
4) Ⅲ级杆组	—	—
5) 其他构件组	—	—

转动：⌒;移动：↔;平面运动：⤸

25

Ⅱ　机构分析

4. 运动形式

1) 主动件及驱动方式	构件 2 单向转动
2) 从动件及运动方式	构件 4 平面运动
3) 运动任务	构件 2 单向转动,带动构件 4 做平面运动产生轨迹
4) 输出与输入构件的相对位置	输入构件 2 的转轴垂直于从动件 4 的导向平面

5. 机构特性

	活动构件数	低 副 数	高 副 数	虚 约 束
	$n = 5$	$g_1 = 7$	$g_2 = 0$	—
	局部自由度	特殊构件连接	特殊几何关系	其他约束
1) 自由度	—	—	—	—
	机构自由度	$F = 3n - 2g_1 - g_2$ $F = 3 \times 5 - 2 \times 7 - 0$ $= 1$		

2) 周转副个数及分布	周转副个数	3
	周转副分布	12,24,25

3) 机构运动几何空间

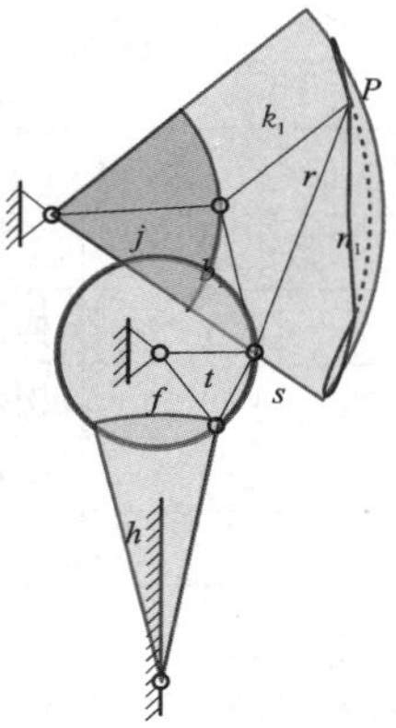

	分析方法与步骤: ① 各构件运动极限位置(右图) ② 各构件运动范围(右图) ③ 所有构件运动范围的外包络线(左图) 工具: ① GeoGebra 运动仿真 ② 观察轨迹跟踪仿真

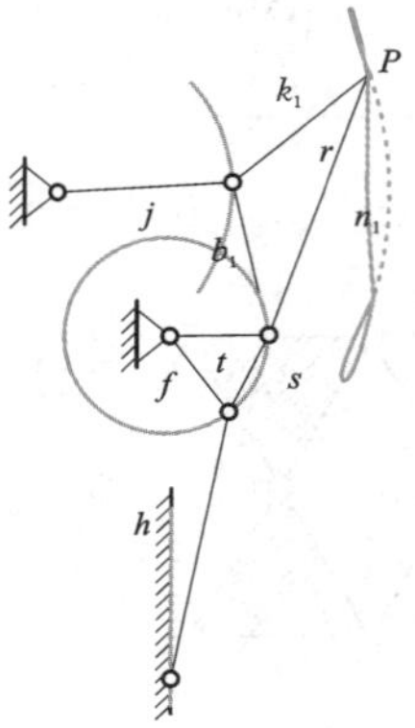

4）传动特性	
（1）压力角和传动角	
压力角/传动角标注 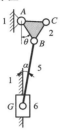	压力角/传动角原始公式： $$\frac{l_1}{\sin\alpha}=\frac{l_8}{\sin\theta}$$ $$l_1\sin\theta=l_8\sin\alpha$$ 压力角计算公式： $$\alpha=\arcsin\left(\frac{l_1\sin\theta}{l_8}\right)$$ 传动角计算公式： $$\gamma=\frac{\pi}{2}-\alpha$$
压力角与主动件转角或位移之间的关系曲线 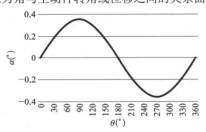	压力角计算步骤： ① 数学模型：$\alpha=\alpha(l_1,l_8,\theta)$ ② 计算常量： $$l_1,l_8$$ ③ 计算变量： $$\theta_2=\theta_0+i\cdot\Delta\theta$$ $$(\theta_0=0°,\Delta\theta=10°,i=[0,36])$$ ④ 代值计算：如左图
传动角与主动件转角或位移之间的关系曲线 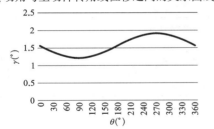	传动角计算步骤： ① 数学模型：$\gamma=\gamma(\alpha)=90°-\alpha$ ② 计算常量：机构原图尺寸 ③ 计算变量：α ④ 代值计算：如左图
（2）传动函数	
● 位移分析	
传递函数参数 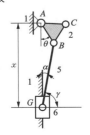	传递函数的矢量式： $$x=l_1\cos\theta+l_8\cos\alpha$$ $$\alpha=\arcsin\left(\frac{l_1\sin\theta}{l_8}\right)$$ 计算公式： $$x=x(\theta)$$ $$x=l_1\cos\theta+l_8\cos\left(\arcsin\left(\frac{l_1\sin\theta}{l_8}\right)\right)$$

输出构件位移与主动件转角之间的关系曲线

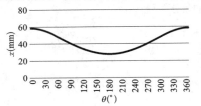

计算方法与步骤：

① 数学模型： $x = x(l_2, l_8, \theta)$

② 计算常量： l_2, l_8

③ 计算变量：

$$\theta_2 = \theta_0 + i\Delta\theta$$
$$(\theta_0 = 0°, \Delta\theta = 10°, i = [0, 36])$$

④ 代值计算：如左图

● 速度分析

速度示意图

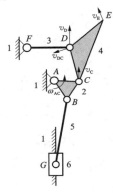

已知： $l_{AC}, l_{DC}, l_{FD}, l_{DE}, l_{CE}, \omega_{AC}, \alpha_2$

求解： v_E

列出矢量式：

$$v_D = v_C + v_{DC}$$
$$v_E = v_C + v_{EC}$$

矢量	v_C	v_D	v_{DC}
方向	$\perp AC$	$\perp FD$	$\perp DC$
大小	$\omega_{AC} l_{AC}$	?	?

矢量	v_C	v_E	v_{EC}
方向	$\perp AC$	?	$\perp EC$
大小	$\omega_{AC} l_{AC}$	?	?

速度矢量图

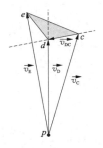

计算方法与步骤：

① 取速度极点 p

② 计算 v_D 大小

由 C 与 D 的相对位置可得：

$$v_D = v_{DC} + v_C$$

③ 利用速度影像法，由 v_C、v_D 得出 pe 长度，即 v_E

● 加速度分析

加速度示意图

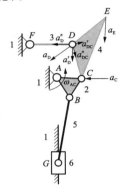

已知：l_{AC}，l_{DC}，l_{FD}，l_{DE}，l_{CE}，ω_{AC}，α_2

求解：a_E

加速度矢量式：

$$a_D^n + a_D^\tau = a_C + a_{DC}^n + a_{DC}^\tau$$

矢量	a_D^n	a_D^τ	a_C	a_{DC}^n	a_{DC}^τ
方向	$D \to F$	$\perp FD$	$C \to A$	$D \to C$	$\perp DC$
大小	$\omega_{FD}^2 l_{FD}$	？	$\omega_{AC}^2 l_{AC}$	$\omega_{DC}^2 l_{DC}$	？

$$a_E = a_C + a_{EC}^n + a_{EC}^\tau$$
$$a_E = a_D + a_{ED}^n + a_{ED}^\tau$$

矢量	a_C	a_D	a_{EC}^τ	a_{ED}^τ	a_{EC}^n	a_{ED}^n
方向	$C \to A$	可求	$\perp EC$	$\perp ED$	$E \to C$	$E \to D$
大小	$\omega_{AC}^2 l_{AC}$	可求	$\alpha_{DC} l_{EC}$	？	$\omega_{DC}^2 l_{DC}$	？

加速度矢量图

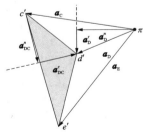

计算方法与步骤：

① 取加速度极点 π，选定作图比例

② 作矢量图

　　过 π 点作 a_C 得 c'，过 c' 作 a_{DC}^n，在端点

　　处作直线（$\perp a_{DC}^\tau$）

　　过 π 点作 a_D^n，过 a_D^n 端点作直线（$\perp a_D^\tau$）

　　取上述两直线的交点 d'，求得 a_D

③ 利用加速度多边形，由 a_C、a_D 得出 πe 长度，即

　　为 a_E

Ⅲ 机构设计

6. 构件参数对机构特性的影响

设计参数	机架杆长 l_{AF}	主动件杆长 l_{AC}	连架杆长 l_{FD}	从动连杆长 l_{DE}
	28 mm	16 mm	26 mm	28 mm
设计目标	改进轨迹曲线			

对导向轨迹的影响:

l_{AF} (mm)	22.4	28	33.6
轨 迹	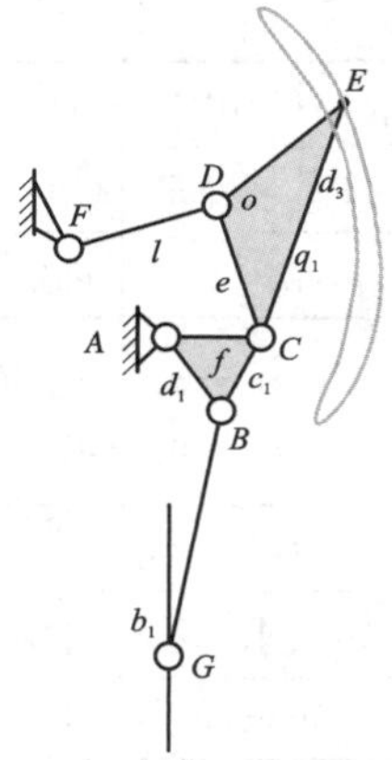	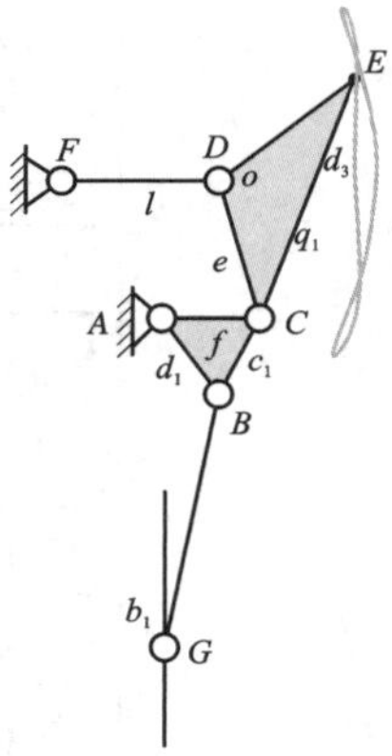	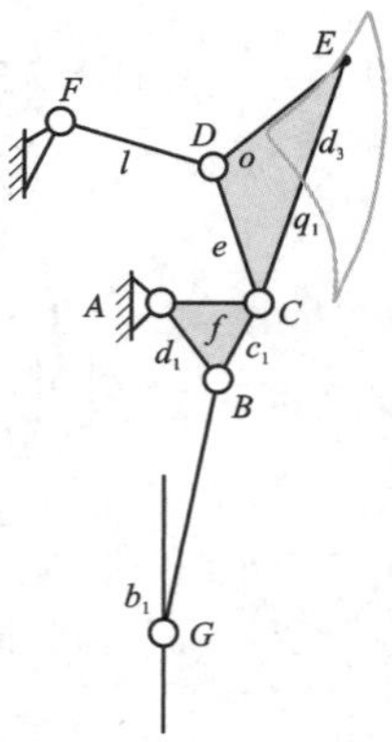
影响规律	从上述图像可看出,机架杆长对于轨迹曲线的影响较大。机架杆长越短,则轨迹越扁长;机架杆长越长,则轨迹曲线越宽,覆盖面积越大		

l_{AC} (mm)	12.8	16	19.2
轨 迹	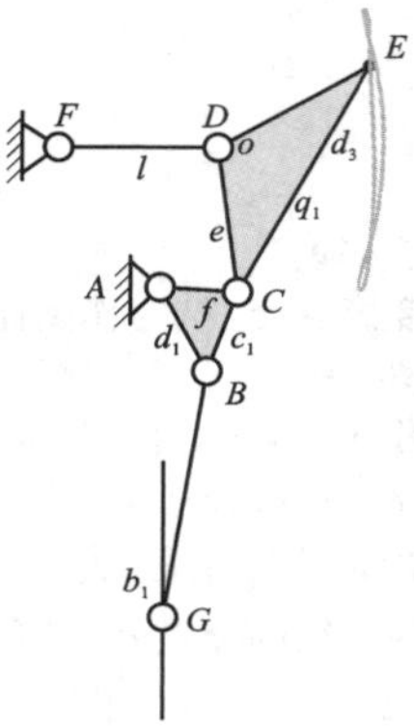	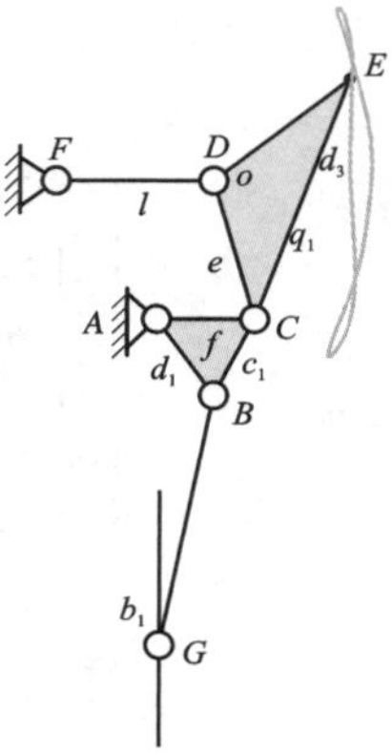	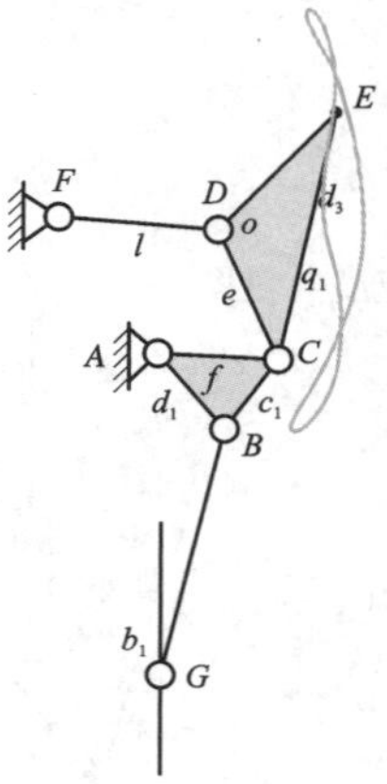
影响规律	从上述图像可看出,主动件杆长对于轨迹曲线形状的影响不大,但是对于轨迹覆盖面积的大小影响较大。主动件杆长越短,轨迹曲线覆盖面积越小;杆长越长,轨迹曲线覆盖面积越大		

l_{FD}(mm)	20.8	26	31.2
轨　迹	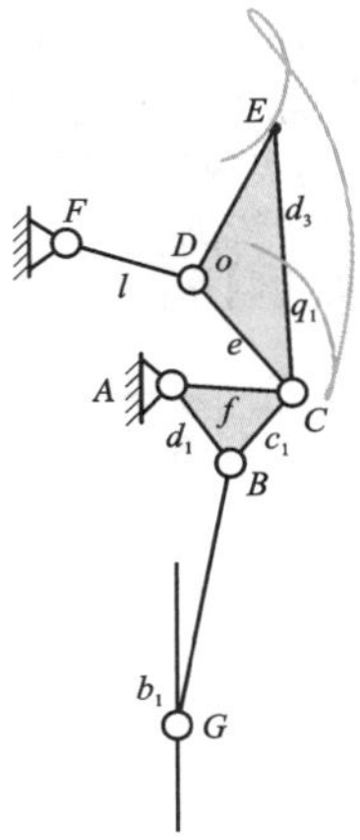	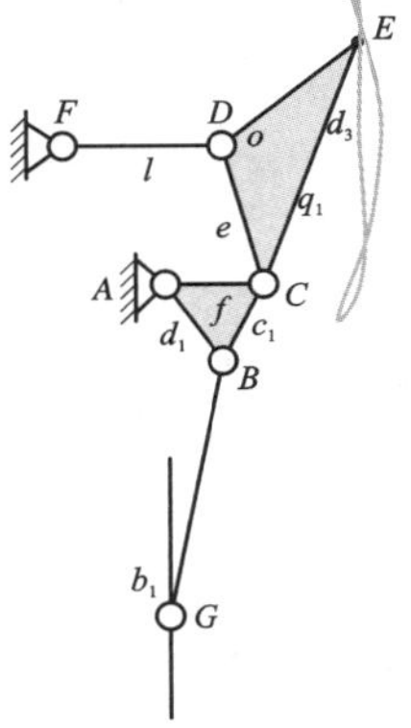	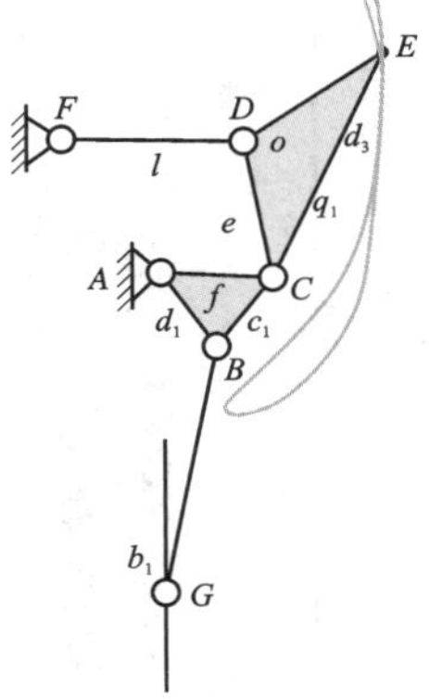
影响规律	从上述图像可看出,连杆 FD 长度的变化会对构件整体运动产生较大影响。当连杆 FD 长度变小时,主动件将有可能不可以做整周运动,正如第一个轨迹图所示,已不可以做整周运动;而当连杆 FD 长度变大时,轨迹曲线所覆盖的面积将会变大		

l_{DE}(mm)	22.4	28	33.6
轨　迹	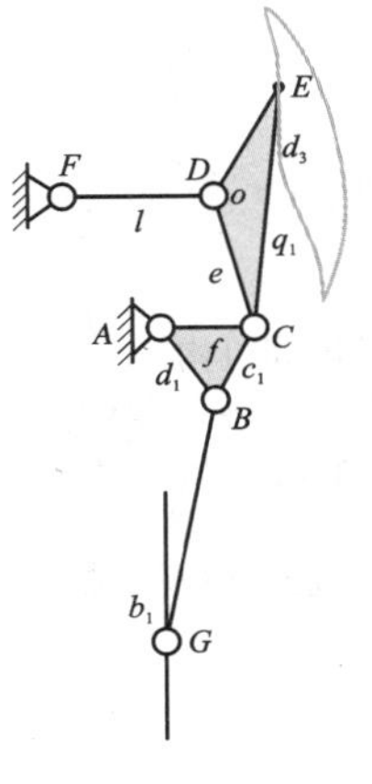	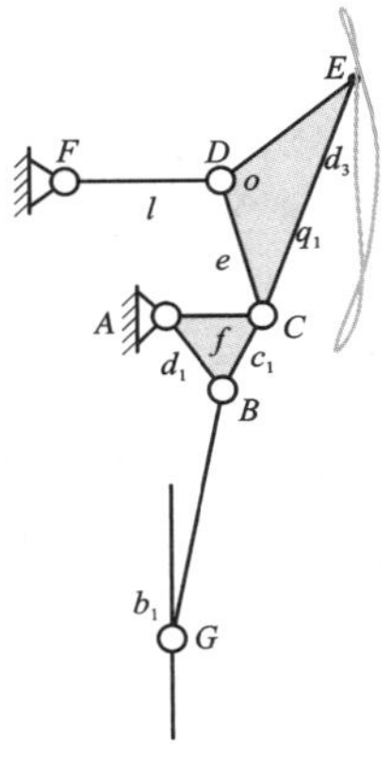	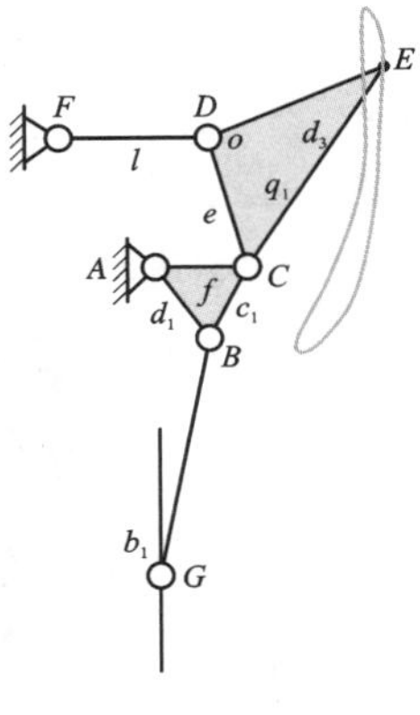
影响规律	从上述图像可看出,连杆 DE 长度的变化会对构件整体运动产生较小影响。连杆长越长,则轨迹越扁长;机架杆长越短,则轨迹曲线越宽,覆盖面积越宽		

Ⅳ 机构应用

7. 机构可能的应用领域

应用举例 1：缝纫机 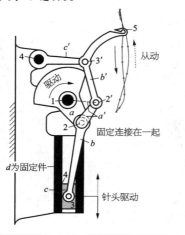	应用特征： ① 缝纫机 ② 曲柄 a 为主动件，右上连杆 b' 为从动件 ③ 由曲柄转动带动从动件运动，从动件上可以带动针线运动，从而实现"穿针引线"中的"引线"工作 ④ 广泛应用于传统的手工业、纺织业制造中，人们可以利用该机构制作面料、衣服等各种纺织品，省力省时
应用举例 2：插床机构 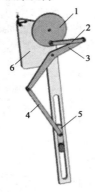	应用特征： ① 插床机构 ② 上方曲柄 1 为主动件，滑块 5 为从动件 ③ 曲柄 1 转动带动构件 2 运动，构件 2、3、4 继续带动滑块 5 的移动 ④ 金属切削机床，用来加工槽类等，加工时工作台上的工件做纵向、横向旋转运动，插刀做上下往复运动，从而切削工件
应用举例 3：雷达天线俯仰机构 	应用特征： ① 雷达天线俯仰机构 ② 曲柄为主动件，摇杆为从动件 ③ 曲柄缓慢转动，通过连杆使摇杆在一定角度范围内摇动，从而调节天线俯仰角的大小 ④ 用于航空航天、电视广播、信号检测、军事、消防等领域

3．AWF652－B03：集电弓

机构数字化模型技术指南

同济大学莱茵书院
机械原理大作业

机构名称	集电弓
编写人员	刘　琛
审核人员	LEP 2017、2018
完成时间	2017 年秋季学期

机构名称	集电弓				
原始编号	AWF652－B03	编写人员	刘　琛	编写日期	2017 年 9 月 8 日
LEP 编号	LEP0001	审核人员	LEP2017、2018	审核日期	2018 年 9 月 8 日
简要信息	结构特征	本机构为轴对称齿轮五杆机构,齿轮和两连架杆分别固结在一起			
	运动学特征	主动件做定轴转动,从动件做平面运动,带动滑板做变加速直线运动			
	动力学特征	恒定阻力,变主动力矩			
	应用特征	主要应用于电气化铁路列车,也可应用于工程机械			

Ⅰ　机构认识

实体结构图

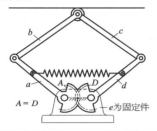

1. 机构结构及信息

1) 资料来源	652AWF3
2) 创建日期	2017 年 9 月 4 日
3) 总体尺寸	54 mm×54 mm
4) 制造材料	金属
5) 运动维度	平面

运动简图

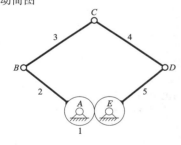

2. 机构简图及尺寸

1) 机构类别	齿轮曲柄机构		

2) 运动副个数及类型

转动副	移动副	高　副	其他运动副
5	—	1	—

3) 机构简图尺寸

$l_1(AE)=11.5$ mm	$l_2(AB)=35$ mm	$l_3(BC)=35$ mm
$l_4(CD)=35$ mm	$l_5(DE)=35$ mm	$R=5.75$ mm

运动链图

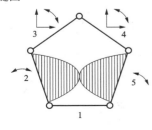

3. 运动链图及组成

构件功能	数　量	构件编号
1) 主动件	1	构件 2
2) 从动件	1	构件 3/4
3) Ⅱ级杆组	1	构件 3－4
4) Ⅲ级杆组	—	—
5) Ⅳ级杆组	—	—
6) 其他构件组	—	—

转动：⌒；移动：↔；平面运动：↰

Ⅱ 机构分析

4. 运动形式

1）主动件及驱动方式	构件 2 双向摆动
2）从动件及运动方式	构件 3 做平面运动，铰链 C 上下移动
3）运动任务	构件 2 双向摆动，通过连杆 3 带动铰链 C 做上下移动
4）输出与输入构件的相对位置	输出构件 3 的转轴与输入构件 2 的转轴平行

5. 机构特性

1）自由度	活动构件数	低 副 数	高 副 数	虚 约 束
	$n = 4$	$g_1 = 5$	$g_2 = 1$	—
	局部自由度	特殊构件连接	特殊几何关系	其他约束
	—	—	—	—
	机构自由度	$F = 3n - 2g_1 - g_2$ $F = 3 \times 4 - 2 \times 5 - 1$ $= 1$		

2）周转副个数及分布	周转副个数	0
	周转副分布	—

3）机构运动几何空间

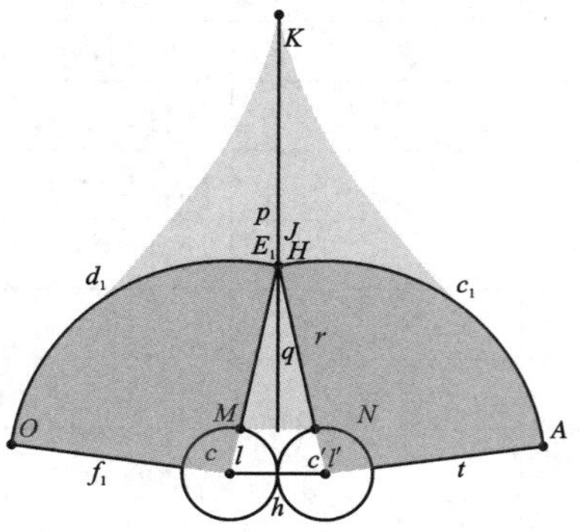

	分析方法与步骤： ① 各构件运动极限位置（右图） ② 各构件运动范围（右图） ③ 所有构件运动范围的外包络线（左图） 工具： ① GeoGebra 运动仿真 ② 观察轨迹跟踪仿真

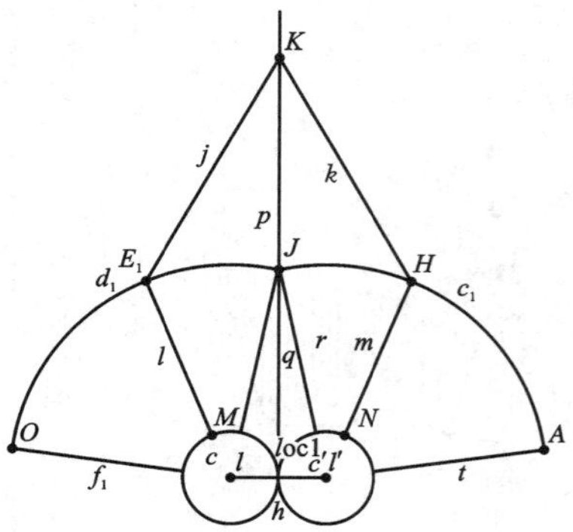

4) 传动特性

（1）压力角和传动角

压力角/传动角标注	压力角/传动角原始公式：
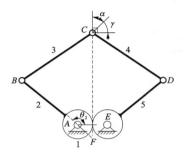	在 $\triangle CBF$ 中运用正弦定理： $$\frac{\dfrac{l_1}{2\cos(\pi-\theta_2)}+l_2}{\sin\alpha}=\frac{l_3}{\sin\left(\theta_2-\dfrac{\pi}{2}\right)}$$ 压力角计算公式： $$\alpha=\arcsin\left(\frac{l_1-2l_2\cos\theta_2}{2l_3}\right)$$ 传动角计算公式： $$\gamma=\frac{\pi}{2}-\alpha=\frac{\pi}{2}-\arcsin\left(\frac{l_1-2l_2\cos\theta_2}{2l_3}\right)$$
压力角与主动件转角或位移之间的关系曲线 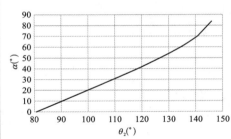	压力角计算步骤： ① 数学模型：$\alpha=\alpha(l_1，l_2，l_3，l_4，\theta_2)$ ② 计算常量： 　　$l_1=11.5\text{ mm}，l_2=35\text{ mm}，l_3=35\text{ mm}$ ③ 计算变量： 　　$\theta_2=\theta_0+i\Delta\theta(\theta_0=81°，\Delta\theta=5°，i=14)$ ④ 代值计算：如左图
传动角与主动件转角或位移之间的关系曲线 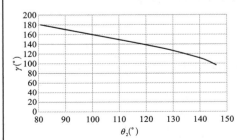	传动角计算步骤： ① 数学模型：$\gamma=\gamma(l_1，l_2，l_3，l_4，\theta_2)$ ② 计算常量： 　　$l_1=11.5\text{ mm}，l_2=35\text{ mm}，l_3=35\text{ mm}$ ③ 计算变量： 　　$\theta_2=\theta_0+i\Delta\theta(\theta_0=81°，\Delta\theta=5°，i=14)$ ④ 代值计算：如左图

（2）传动函数

● 位移分析

传递函数参数	原始公式：

传递函数参数

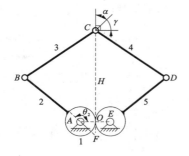

原始公式：

令 $H = OC$，在 $\triangle CBF$ 中由正弦定理可得：

$$\frac{H + \dfrac{l_1}{2}\tan(\pi - \theta_2)}{\sin\left(\pi - \theta_2 + \dfrac{\pi}{2} - \alpha\right)} = \frac{l_3}{\sin\left(\theta_2 - \dfrac{\pi}{2}\right)}$$

计算公式：$H = H(\theta)$

$$H = \frac{l_3}{\cos\theta_2} \cdot \cos(\theta_2 + \alpha) + \frac{l_1 \tan\theta_2}{2}$$

其中：

$$\alpha = \arcsin\left(\frac{l_1 - 2l_2\cos\theta_2}{2l_3}\right)$$

输出构件位移与主动件转角之间的关系曲线

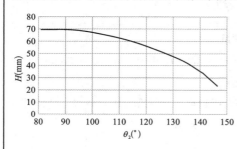

计算方法与步骤：

① 数学模型：$H = H(l_1, l_2, l_3, \theta_2)$

② 计算常量：

　　$l_1 = 11.5 \text{ mm}, l_2 = 35 \text{ mm}, l_3 = 35 \text{ mm}$

③ 计算变量：

　　$\theta_2 = \theta_0 + i\Delta\theta (\theta_0 = 81°, \Delta\theta = 5°, i = 14)$

④ 代值计算：如左图

● 速度分析

速度示意图

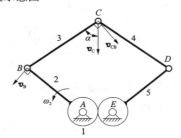

已知：l_1, l_2, l_3, ω_2

求解：v_C

列出矢量式：

$$v_C = v_B + v_{CB}$$

矢量	v_C	v_B	v_{CB}
方向	竖直	$\perp AB$	$\perp BC$
大小	?	$\omega_2 l_{AB}$	?

速度矢量图	计算方法与步骤： ① 取速度极点 p，选定比例尺 μ_v ② 计算 v_B 大小： $$v_B = \omega_2 l_2$$ ③ 过 p 作矢量 v_B，$v_B \perp AB$；$pb = v_B/\mu_v$ ④ 过 v_B 终点作 v_{CB} 方向线 bc，$bc \perp BC$ ⑤ 过 p 作 v_C 方向线 pc，pc 竖直 ⑥ 连接极点 p 与交点 c 得 v_C，$v_C = pc \cdot \mu_v$ $$v_{CB} = bc \cdot \mu_v$$
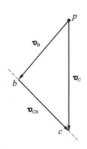	
输出构件角速度（速度）与主动件转角（位移）之间的关系式	原始方程： $$v_B + v_{CB} = v_C$$ $$\begin{cases} 0 = \omega_2 l_2 \sin(\pi - \theta_2) + v_{CB}\cos\alpha \\ v_C = \omega_2 l_2 \cos(\pi - \theta_2) + v_{CB}\sin\alpha \end{cases}$$ 推导公式： $$v_C = -\omega_2 l_2 \cos\theta_2 - \omega_2 l_2 \sin\theta_2 \tan\alpha$$ $$v_{CB} = -\frac{\omega_2 l_2 \sin\theta_2}{\cos\alpha}$$ $$\alpha = \arcsin\left(\frac{l_1 - 2l_2\cos\theta_2}{2l_3}\right)$$
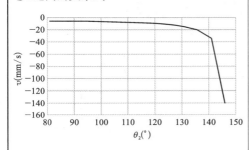	

● 加速度分析

加速度示意图	已知：l_1，l_2，l_3，ω_2，α_2 求解：a_C 加速度矢量式： $$a_C^n + a_C^\tau = a_B + a_{CB}^n + a_{CB}^\tau$$
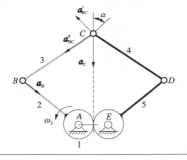	

矢量	a_C^n	a_C^τ	a_B	a_{CB}^n	a_{CB}^τ
方向	竖直	水平	$B \to A$	$C \to B$	$\perp CB$
大小	?	0	$\omega_2^2 l_2$	$\omega_3^2 l_{CB}$	?

加速度矢量图	计算方法与步骤： ① 取加速度极点 π，选定作图比例 μ_a ② 计算法向加速度： $$\omega_3 = v_{CB}/l_3$$ $$a_B = \omega_2^2 l_2$$ $$a_{CB}^n = \omega_3^2 l_3$$ ③ 作矢量图 　矢量式左：过 π 点作 a_C（竖直），得端点 c'' 　矢量式右：过 π 点作 a_B（∥ BA）得 b'，过 b' 作 a_{CB}^n（∥ CB）得 b''，过 b'' 作 a_{CB}^τ（$\perp CB$）方向线 $b''c'$ 取 $b''c'$ 与 $c'c''$ 的交点 c' ④ 量得 a_C
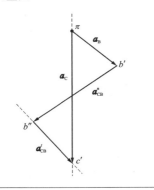	

输出构件角加速度（加速度）与主动件转角（位移）之间的关系 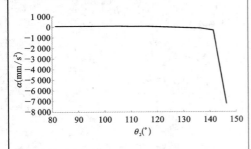	原始方程： $$\boldsymbol{a}_{B} + \boldsymbol{a}_{CB}^{\tau} + \boldsymbol{a}_{CB}^{n} = \boldsymbol{a}_{C}^{\tau} + \boldsymbol{a}_{C}^{n}$$ $$\begin{cases} a_{B}\sin(\pi - \theta_{2}) + a_{CB}^{n}\cos\alpha + a_{CB}^{\tau}\sin\alpha = a_{C}^{n} \\ a_{B}\cos(\pi - \theta_{2}) + a_{CB}^{n}\sin\alpha + a_{CB}^{\tau}\cos\alpha = a_{C}^{\tau} \end{cases}$$ 推导公式： $$\begin{cases} a_{C} = \omega_{2}^{2} l_{2}(\sin\theta_{2} + \tan\alpha\cos\theta_{2}) \\ \qquad + \omega_{3}^{2} l_{3}(\cos\alpha - \tan\alpha\sin\alpha) \\ \omega_{3} = v_{CB} = -\dfrac{\omega_{2} l_{2}\sin\theta_{2}}{l_{3}\cos\alpha} \end{cases}$$ 其中： $$\alpha = \arcsin\left(\dfrac{l_{1} - 2l_{2}\cos\theta_{2}}{2l_{3}}\right)$$

（3）机构驱动特性

驱动力（矩）与主动件转角（位移）之间的关系式	主动件参数	θ_{2}，$M_{2}(\theta_{2})$
	从动件参数	$F_{R} = 100\ \text{N}$
	功能关系	$P = F_{R} \cdot v_{H} = \omega_{2} \cdot M_{2}(\theta_{2})$
	驱动特性	驱动力矩 $$M_{2}(\theta_{2}) = \dfrac{F_{R} \cdot v_{H}}{\omega_{2}}$$
驱动力矩与主动件转角关系图 （图：M_2(N·mm) 对 θ_2(°) 曲线，横轴 80~150，纵轴 0~-16）		$$M_{2}(\theta_{2}) = \dfrac{F_{R}}{\omega_{2}}(-\omega_{2} l_{2}\cos\theta_{2} - \\ \omega_{2} l_{2}\sin\theta_{2}\tan\alpha)$$

Ⅲ　机构设计		
6. 构件参数对机构特性的影响		

设计参数	机架杆长 l_1	主动件杆长 l_2	从动件杆长 l_3
	11.5 mm	35 mm	35 mm

设计目标	① 改进压力角 ② 改进传动特性 ③ 改进驱动力矩	

对传动特性的影响

（1）对压力角的影响

影响曲线	变化参数	机架杆长 l_1	
	变化值域	原长（mm）	11.5
		偏差	20%
		设计值（mm）	9.2,10.35,11.5,12.65,13.8
	影响规律	随着机架杆长度增加,压力角增大	

影响曲线	变化参数	主动件杆长 l_2	
	变化值域	原长（mm）	35
		偏差	20%
		设计值（mm）	28.0,31.5,35.0,38.5,42.0
	影响规律	主动件杆长越短,则主动件转角的允许最小值越小,且同一转角时压力角越小,随着主动件转角增大,不同杆长的压力角趋近于相同,在 90°处压力角重合	

影响曲线	变化参数	从动件杆长 l_3	
	变化值域	原长（mm）	35
		偏差	20%
		设计值（mm）	28.0,31.5,35.0,38.5,42.0
	影响规律	当从动件杆长小于 40 mm 时,随着从动件杆长的增加,压力角减小;当从动件杆长小于 40 mm 时,随着从动件杆长的增加,压力角增大	

（2）对传动函数的影响

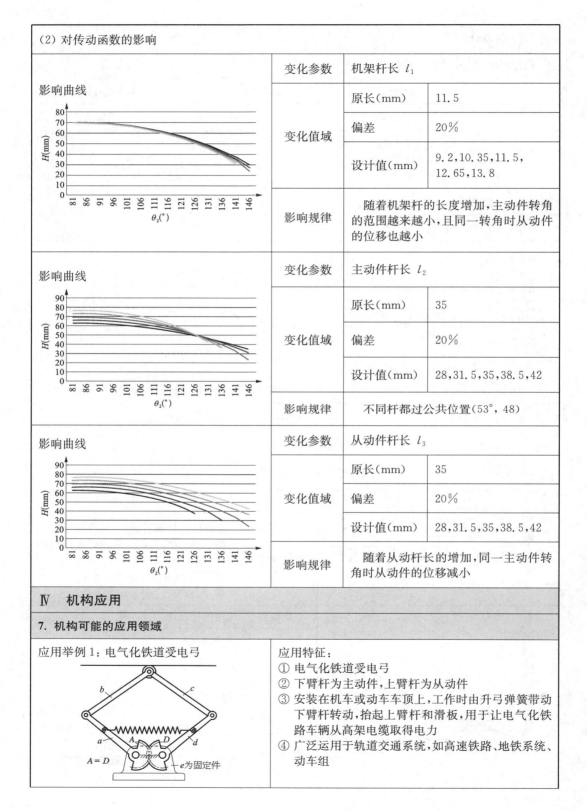

影响曲线	变化参数	机架杆长 l_1	
	变化值域	原长(mm)	11.5
		偏差	20%
		设计值(mm)	9.2,10.35,11.5, 12.65,13.8
	影响规律	随着机架杆的长度增加，主动件转角的范围越来越小，且同一转角时从动件的位移也越小	
影响曲线	变化参数	主动件杆长 l_2	
	变化值域	原长(mm)	35
		偏差	20%
		设计值(mm)	28,31.5,35,38.5,42
	影响规律	不同杆都过公共位置(53°，48)	
影响曲线	变化参数	从动件杆长 l_3	
	变化值域	原长(mm)	35
		偏差	20%
		设计值(mm)	28,31.5,35,38.5,42
	影响规律	随着从动杆长的增加，同一主动件转角时从动件的位移减小	

Ⅳ 机构应用

7. 机构可能的应用领域

应用举例1：电气化铁道受电弓

应用特征：
① 电气化铁道受电弓
② 下臂杆为主动件，上臂杆为从动件
③ 安装在机车或动车车顶上，工作时由升弓弹簧带动下臂杆转动，抬起上臂杆和滑板，用于让电气化铁路车辆从高架电缆取得电力
④ 广泛运用于轨道交通系统，如高速铁路、地铁系统、动车组

应用举例 2：齿轮五杆取苗机构	应用特征：
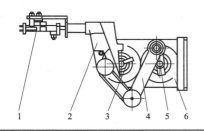 1　2　3　4　5　6	① 齿轮五杆取苗机构 ② 曲柄为主动件，取苗爪臂为从动件 ③ 双曲柄整周转动，取苗爪在双曲柄、连杆和取苗爪臂的带动下运动，末端形成特殊运动轨迹，并在运动中不断变换姿态，以满足取苗和投苗要求 ④ 用于取苗投苗农业机械

4．AWF663－B02：平面六连杆导向机构

机构数字化模型技术指南

同济大学莘茵书院
机械原理大作业

机构名称	平面六连杆导向机构
编写人员	刘杨博焜
审核人员	LEP 2017、2018
完成时间	2017 年秋季学期

机构名称	六杆曲柄导向机构				
原始编号	AWF663－B02	编写人员	刘杨博焜	编写日期	2017 年 9 月 11 日
LEP 编号	LEP0021	审核人员	LEP2017、2018	审核日期	2018 年 9 月 24 日
简要信息	结构特征	史蒂芬森型六杆机构			
	运动学特征	主动件做匀速转动，从动件做平面运动			
	动力学特征	主动力为驱动力矩，并有一定工作阻力，驱动力矩随角度变化			
	应用特征	用于输出需要做平面运动的机构如雨刮器等			

I　机构认识

实体结构图

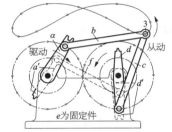

1. 机构结构及信息

1) 资料来源	AWF663－B02
2) 创建日期	2017 年 9 月 11 日
3) 总体尺寸	130 mm×130 mm
4) 制造材料	金属
5) 运动维度	平面

运动简图

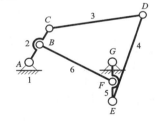

2. 机构简图及尺寸

1) 机构类别	平面六杆机构		

2) 运动副个数及类型

转动副	移动副	高　副	其他运动副
7	—	—	—

3) 机构简图尺寸

$l_1(AG)=8.1$ mm	$l_2(AC)=4$ mm	$l_3(CD)=9.6$ mm
$l_4(DE)=9.6$ mm	$l_5(EG)=4$ mm	$l_6(BF)=8.1$ mm
$l_7(AB)=2.1$ mm	$l_8(GF)=2.1$ mm	

运动链图

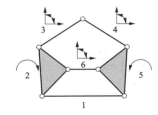

3. 运动链图及组成

构件功能	数　量	构件编号
1) 主动件	1	构件 2
2) 从动件	1	构件 3 上的 D
3) Ⅱ级杆组	1	构件 3－4
4) Ⅲ级杆组	—	—
5) Ⅳ级杆组	—	—
6) 其他构件组	—	—

转动：⌒；移动：↔；平面运动：↱

Ⅱ　机构分析

4. 运动形式

1）主动件及驱动方式	构件 2 单向转动
2）从动件及运动方式	构件 3 上的 D 点做平面运动
3）运动任务	构件 2 单向转动，通过连杆 3 带动 D 点按规定轨迹运动
4）输出与输入构件的相对位置	输出构件 4 的转轴与输入构件 2 的转轴平行

5. 机构特性

1）自由度	活动构件数	低 副 数	高 副 数	虚 约 束
	$n=5$	$g_1=7$	$g_2=0$	—
	局部自由度	特殊构件连接	特殊几何关系	其他约束
	—	—	—	—
	机构自由度	$F=3n-2g_1-g_2$ $F=3\times5-2\times7-0$ $=1$		

2）周转副个数及分布	周转副个数	6
	周转副分布	12、15、23、26、45、56

3）机构运动几何空间

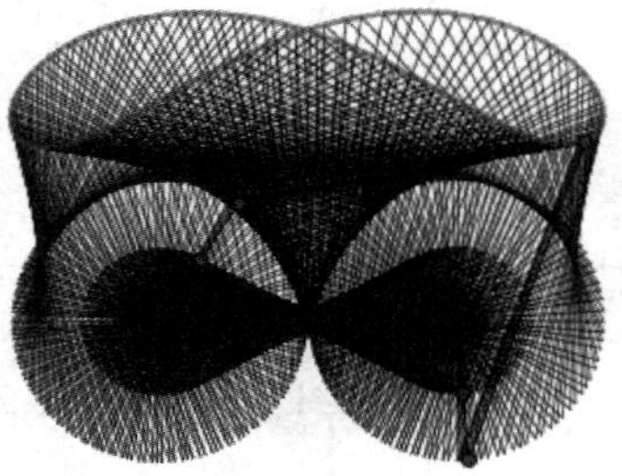

分析方法与步骤：
① 各构件运动极限位置（右图）
② 各构件运动范围（右图）
③ 所有构件运动范围的外包络线（左图）

工具：
① GeoGebra 运动仿真
② 观察轨迹跟踪仿真

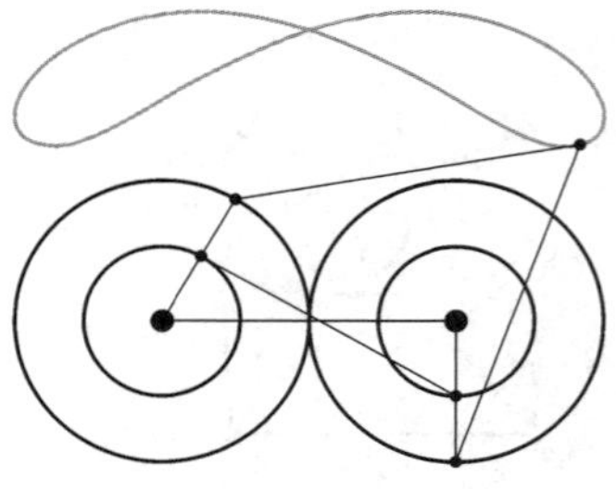

4) 传动特性

传动函数

● 位移分析

传递函数参数	传递函数的矢量式:

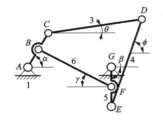

传递函数的矢量式:

$$\vec{l_6} + \vec{l_7} + \vec{l_8} = \vec{l_1}$$

$$\begin{cases} l_7 \cos \alpha + l_6 \cos \gamma - l_8 \cos \beta = l_1 \\ l_7 \sin \alpha + l_8 \sin \beta - l_6 \sin \gamma = 0 \end{cases}$$

$$\vec{l_2} + \vec{l_3} + \vec{l_4} + \vec{l_5} = \vec{l_1}$$

$$\begin{cases} l_2 \cos \alpha + l_3 \cos \theta - l_4 \cos \phi - l_5 \cos \beta = l_1 \\ l_2 \sin \alpha + l_3 \sin \theta - l_4 \sin \phi + l_5 \sin \beta = 0 \end{cases}$$

计算公式:

① $x_D = l_2 \cos \alpha + l_3 \cos \theta$

② $y_D = l_2 \sin \alpha + l_3 \sin \theta$

输出构件位移与主动件转角之间的关系曲线

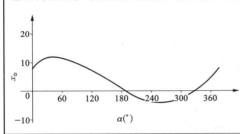

计算方法与步骤:

① 数学模型: $x_D = l_2 \cos \alpha + l_3 \cos \theta$

② 计算常量:

$$l_1, l_2, l_3, l_4, l_5, l_6, l_7, l_8$$

③ 计算变量:

$$\alpha = \alpha_0 + i \Delta \alpha (\alpha_0 = 0°, \Delta \alpha = 10°, i = 36)$$

④ 代值计算: 如左图

其他构件位移与主动件转角之间的关系曲线

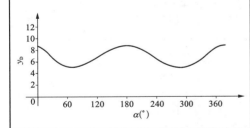

计算方法与步骤:

① 数学模型: $y_D = l_2 \sin \alpha + l_3 \sin \theta$

② 计算常量:

$$l_1, l_2, l_3, l_4, l_5, l_6, l_7, l_8$$

③ 计算变量:

$$\alpha = \alpha_0 + i \Delta \alpha (\alpha_0 = 0°, \Delta \alpha = 10°, i = 36)$$

④ 代值计算: 如左图

● 速度分析

速度示意图

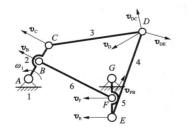

已知: l_1, l_2, l_3, l_4, l_5, l_6, l_7, l_8, ω_1

求解: v_D

列出矢量式:

$$\boldsymbol{v}_C + \boldsymbol{v}_{DC} = \boldsymbol{v}_E + \boldsymbol{v}_{DE}$$

矢量	$\boldsymbol{v}_C$	$\boldsymbol{v}_{DC}$	$\boldsymbol{v}_E$	$\boldsymbol{v}_{CB}$
方向	$\perp AC$	$\perp CD$	$\perp GE$	$\perp DE$
大小	$\omega_1 l_2$	?	?	?

速度矢量图	计算方法与步骤：
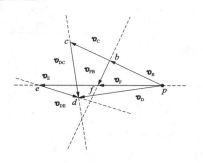	① 过 p 点在 AB 垂直方向做出 $\boldsymbol{v}_\mathrm{B}$ ② 过 b 点在 BF 垂直方向上做出辅助线 ③ 过 p 点在 GE 垂直方向做出辅助线 ④ 上述两条辅助线交于 f 点 ⑤ 利用速度投影法得出 e、c 点 ⑥ 过 e 点做垂直于 DE 方向的辅助线 ⑦ 过 c 点做垂直于 CD 方向的辅助线 ⑧ 上述两条辅助线交于 d 点 ⑨ 连接 pd 求解 $\boldsymbol{v}_\mathrm{D}$

● 加速度分析

加速度示意图	已知：l_1，l_2，l_3，l_4，l_5，l_6，l_7，l_8，ω_1 求解：$\boldsymbol{a}_\mathrm{D}$ 列出矢量式：
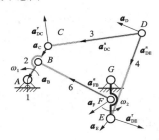	$$\boldsymbol{a}_\mathrm{C}+\boldsymbol{a}_\mathrm{DC}^n+\boldsymbol{a}_\mathrm{DC}^\tau=\boldsymbol{a}_\mathrm{E}+\boldsymbol{a}_\mathrm{DE}^n+\boldsymbol{a}_\mathrm{DE}^\tau$$

矢　量	$\boldsymbol{a}_\mathrm{C}$	$\boldsymbol{a}_\mathrm{DC}^n$	$\boldsymbol{a}_\mathrm{DC}^\tau$
方　向	$C \to A$	$D \to C$	$\perp CD$
大　小	$\omega_1^2 l_2$	v_DC^2/l_3	？
矢　量	$\boldsymbol{a}_\mathrm{E}$	$\boldsymbol{a}_\mathrm{DE}^n$	$\boldsymbol{a}_\mathrm{DE}^\tau$
方　向	$E \to G$	$D \to E$	$\perp DE$
大　小	？	v_DE^2/l_4	？

加速度矢量图	计算方法与步骤：
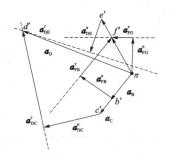	① 过 π 点沿 AB 方向做出 a_B，得出 b' ② 利用加速度多边形法得出 a_C，得出 c' ③ 过 b' 沿 FB 做出向心加速度。 ④ 做垂直于 FB 的辅助线 ⑤ 过 π 点沿 FG 方向做出 a_FG^n ⑥ 过垂直于 FG 的方向做辅助线 ⑦ 上述两辅助线交于 f' ⑧ 利用加速度多边形法得出 e' ⑨ 过 e' 做 a_DE^n，然后做垂直于 DE 的辅助线 ⑩ 过 c' 做 a_DC^n，然后做垂直于 DC 的辅助线 ⑪ 上述两辅助线交于 d' ⑫ 连接 π 点与 d' 得出 a_D

5) 力学特性

机构驱动特性

驱动力矩与主动件转角之间的关系式	主动件参数：
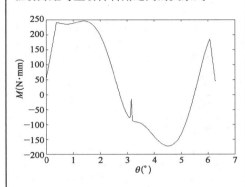	主动件转速恒定，为 1 rad/s 由于该机构存在死点位置，当主动件转角为 0°或 180°时，理论驱动力矩为无穷大，但是实际上由于杆 2 与杆 5 有两个齿轮在死点位置时相互啮合，该点情况较为特殊，因此可以忽略这两点的受力异常，近似认为它们和附近状态的点受力情况相同

Ⅲ　机构设计

6. 构件参数对机构特性的影响

设计参数	杆长 l_1, l_6	杆长 l_2, l_5	杆长 l_3, l_4	杆长 l_7, l_8
	8.1 mm	4 mm	9.6 mm	2.1 mm
设计目标	① 改进轨迹曲线 ② 改进传动特性			

对传动特性的影响

（1）对轨迹曲线的影响

影响曲线	变化参数	杆长 l_1, l_6	
	变化值域	原长（mm）	8.1
		偏差	20%
		设计值（mm）	6.4，7.2，8.1，8.9，9.8
	影响规律	随着杆 1 和 6 的长度的增加，机构运动的范围减小，轨迹的对称中心向下偏移。纵向运动范围变化更明显	

影响曲线	变化参数	杆长 l_2, l_5	
	变化值域	原长（mm）	4
		偏差	20%
		设计值（mm）	3.2，3.6，4，4.4，4.8
	影响规律	随着杆 2 和 5 的长度的增加，机构运动的范围变大，轨迹的对称中心向下偏移。横向运动范围变化更明显	

影响曲线	变化参数	杆长 l_3，l_4	
	变化值域	原长（mm）	9.6
		偏差	20%
		设计值（mm）	8,9,10,11,12
	影响规律	随着杆3和4的长度的增加，机构运动的范围变大，轨迹的对称中心向上显著偏移。横向运动范围变化更明显	
影响曲线	变化参数	杆长 l_7，l_8	
	变化值域	原长（mm）	2.1
		偏差	50%
		设计值（mm）	1,1.5,2,2.5,3
	影响规律	随着杆7和8的长度的增加，机构运动的范围没有太大的变化	

（2）对传动函数的影响

	变化参数	杆长 l_2，l_5	
	变化值域	原长（mm）	4
		偏差	20%
		设计值（mm）	3.2,3.6,4,4.4,4.8
	影响规律	随着杆2和5的长度的增加，机构输出点的运动速度相应增加，且速度极值的位置基本不变	
	变化参数	杆长 l_3，l_4	
	变化值域	原长（mm）	9.6
		偏差	20%
		设计值（mm）	8,9,10,11,12
	影响规律	随着杆3和4的长度的增加，机构输出点的运动速度的极大值增加，速度极小值基本不变	
	变化参数	杆长 l_1，l_6	
	变化值域	原长（mm）	8.1
		偏差	20%
		设计值（mm）	6.4,7.2,8,8.8,8.9
	影响规律	随着杆1和2的长度的增加，机构输出点的运动速度的极大值减小，速度极小值基本不变	

（3）对驱动特性的影响

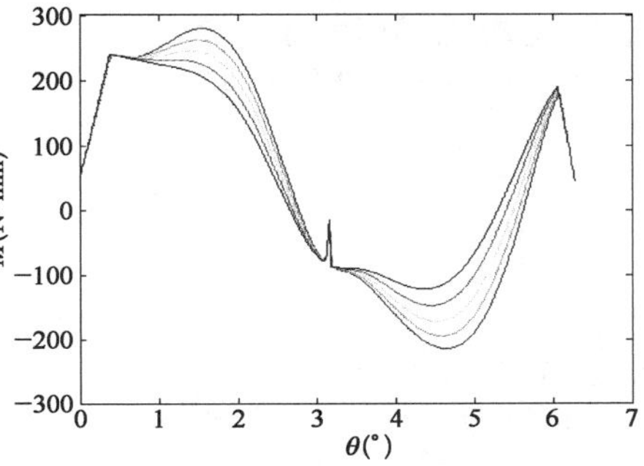	变化参数	杆长 l_2，l_5	
	变化值域	原长（mm）	4
		偏差	20%
		设计值（mm）	3.2,3.6,4,4.4,4.8
	影响规律	随着杆 2 和 5 的长度的增加，机构所需的驱动力矩增大 　图中 0° 和 180° 为死点位置，因此可以忽略这两点的受力异常，近似认为它们和附近状态的点受力情况相同	
	变化参数	杆长 l_3，l_4	
	变化值域	原长（mm）	9.6
		偏差	20%
		设计值（mm）	8,9,10,11,12
	影响规律	随着杆 3 和 4 的长度的增加，机构逆时针方向所需的驱动力矩增大，顺时针方向所需的驱动力矩减小，但变化不太明显 　图中 0° 和 180° 为死点位置，因此可以忽略这两点的受力异常，近似认为它们和附近状态的点受力情况相同	

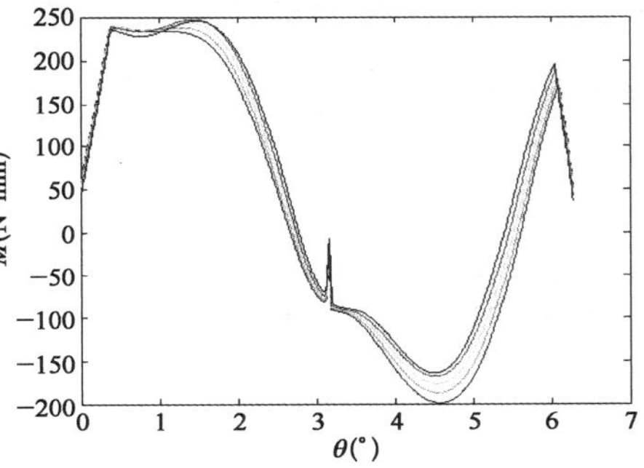

Ⅳ　机构应用

7. 机构可能的应用领域

应用举例 1：简摆颚式破碎机

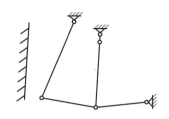

应用特征：
① 简摆颚式破碎机
② 主动件是曲柄
③ 简摆颚式破碎机属于六杆机构中曲柄双摇杆机构的应用，其中曲柄为主动件。通过动颚的周期性运动来破碎物料。在动颚绕悬挂心轴向固定颚摆动过程中，位于两颚之间的物料便受到挤压、劈裂和弯曲等综合作用。开始时，压力较小，使物料的体积缩小，物料之间互相靠近、挤紧；当压力上升到超过物料所能承受的强度时，即发生破碎。当动颚离开固定颚向反方向摆动时，物料靠自重向下运动。动颚的每一个周期性运动都会使物料受到一次压碎作用，并向下排送一段距离。经过若干周期后，被破碎的物料便从排料口排出机外
④ 应用于矿山冶炼、建材、公路、铁路、水利和化工等

应用举例2：雨刮器 	应用特征： ① 雨刮器 ② 主动件是曲柄 ③ 曲柄做整周运动，带动两根摇杆，也就是雨刷做来回往复运动，达到清理雨水的目的 ④ 应用于汽车
应用举例3：飞机升降舵 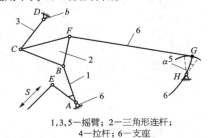 1,3,5—摇臂；2—三角形连杆； 4—拉杆；6—支座	应用特征： ① 飞机升降舵 ② 主动件是摇臂1 ③ 现代超音速飞机主机械操纵系统设计中，常要求飞机主机械操纵系统的传动系数和驾驶杆(或脚蹬)位移为非线性关系。为了满足飞行操纵的需要，可在操纵系统中采用非线性六杆机构，改善飞机在高空高速时的操纵性，使驾驶杆、脚蹬在小位移时传动系数较小，在大位移时传动系数较大 ④ 应用于飞机

5. AWF663－B03：平面六杆机构

机构数字化模型技术指南

同济大学莱茵书院

机械原理大作业

机构名称	平面六杆机构
编写人员	刘一鹏
审核人员	LEP 2017、2018
完成时间	2017 年秋季学期

机构名称	平面六杆机构				
原始编号	AWF663－B03	编写人员	刘一鹏	编写日期	2017 年 9 月 5 日
LEP 编号	LEP0001	审核人员	LEP2017、2018	审核日期	2018 年 9 月 27 日
简要信息	结构特征	结构上对称			
	运动学特征	主动件定轴转动带动从动件作平面运动			
	动力学特征	靠作用在主动件上的驱动力矩驱动			
	应用特征	利用运动轨迹的往复			

Ⅰ　机构认识

实体结构图

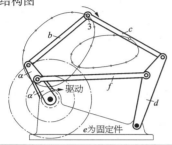

运动简图

运动链图

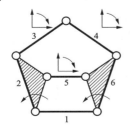

1. 机构结构及信息

1）资料来源	663AWF03
2）创建日期	2017 年 9 月 5 日
3）总体尺寸	130 mm×130 mm
4）制造材料	有机玻璃
5）运动维度	平面

2. 机构简图及尺寸

1）机构类别	平面六杆机构		
2）运动副个数及类型			
转动副	移动副	高　副	其他运动副
7	—	—	—
3）机构简图尺寸			
$l_1(AB)=71$ mm	$l_2(AD)=32$ mm	$l_3(DE)=61$ mm	
$l_4(EG)=67$ mm	$l_5(CH)=85$ mm	$l_6(GB)=60$ mm	
$AC=19$ mm	$BH=42$ mm	$HG=19$ mm	
$\angle ABx=162°$			

3. 运动链图及组成

构件功能	数　量	构件编号
1）主动件	1	构件 2
2）从动件	1	构件 6
3）Ⅱ级杆组	1	构件 3－4
4）Ⅲ级杆组	—	—
5）Ⅳ级杆组	—	—
6）其他构件组		

转动：⌒；移动：↔；平面运动：↱

57

Ⅱ 机构分析

4. 运动形式

1）主动件及驱动方式	构件 2 单向转动
2）从动件及运动方式	构件 6 作往复转动
3）运动任务	构件 2 单向转动，带动构件 3 和 4 做平面运动
4）输出与输入构件的相对位置	输出构件 3、4 的转轴与输入构件 2 的转轴平行

5. 机构特性

1）自由度	活动构件数	低 副 数	高 副 数	虚 约 束
	$n = 5$	$g_1 = 7$	$g_2 = 0$	—
	局部自由度	特殊构件连接	特殊几何关系	其他约束
	—	—	—	—
	机构自由度	$F = 3n - 2g_1 - g_2$ $F = 3 \times 5 - 2 \times 7 - 0$ $= 1$		

2）周转副个数及分布	周转副个数	3
	周转副分布	12、23、25

3）机构运动几何空间

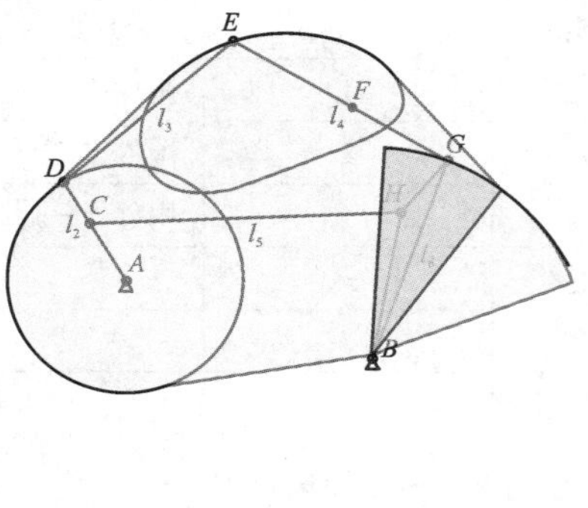

分析方法与步骤：
① 各构件运动极限位置（右图）
② 各构件运动范围（右图）
③ 所有构件运动范围的外包络线（左图）

工具：
① GeoGebra 运动仿真
② 观察轨迹跟踪仿真

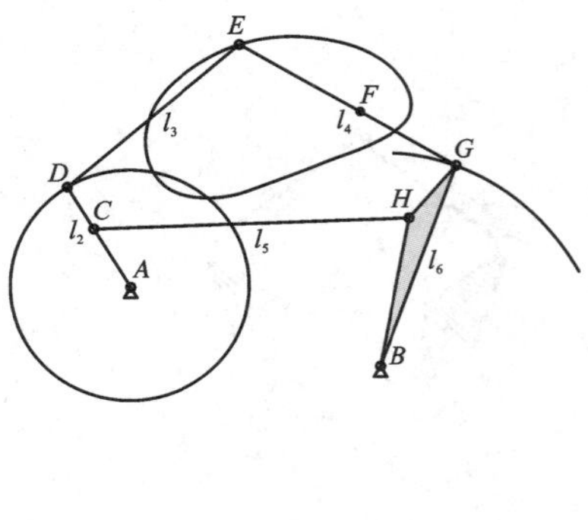

4) 传动特性
传动函数
● 位移分析

传递函数参数

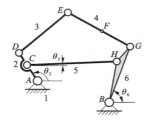

传递函数的矢量式：

$$\overrightarrow{l_{AC}} + \vec{l_5} = \vec{l_1} + \overrightarrow{l_{BH}}$$

$$\begin{cases} l_5 \cos\theta_5 + l_{AC}\cos\theta_2 = l_{1x} + l_{BH}\cos(\theta_6 + \beta) \\ l_{AC}\sin\theta_2 + l_5\sin\theta_5 = l_{1y} + l_{BH}\sin(\theta_6 + \beta) \end{cases}$$

计算公式　$\theta_6 = \theta(\theta_2)$

$$\theta_6 = -\arcsin\left(\frac{A}{B}\right) - \beta - \arctan(C)$$

其中：

$$A = l_5^2 - l_1^2 - l_{BH}^2 - l_{AC}^2 + 2l_{1x}l_{AC}\cos\theta_2 + 2l_{1y}l_{AC}\sin\theta_2$$

$$B = 2l_{BH}\sqrt{l_1^2 + l_{AC}^2 - 2l_{1x}l_{AC}\cos\theta_2 - 2l_{1y}l_{AC}\sin\theta_2}$$

$$C = \frac{l_{1x} - l_{AC}\cos\theta_2}{l_{1y} - l_{AC}\sin\theta_2}$$

$$\beta = \arccos\left(\frac{l_6^2 + l_{BH}^2 - l_{HG}^2}{2l_{BH}l_6}\right)$$

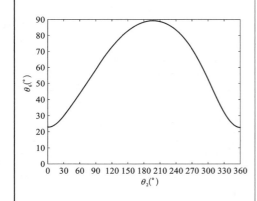

计算方法与步骤：

① 数学模型：$\theta_6 = \theta(l_1,\ l_{AC},\ l_5,\ l_{BH},\ \theta_2,\ l_{BG},\ l_{HG})$

② 计算常量：

　　$l_1 = 71\ \text{mm}$，$l_{AC} = 19\ \text{mm}$，$l_5 = 85\ \text{mm}$，

　　$l_{BH} = 42\ \text{mm}$，$l_6 = 60\ \text{mm}$，$l_{HG} = 19\ \text{mm}$

③ 计算变量：

　　$\theta_2 = \theta_0 + i\Delta\theta$（$\theta_0 = 0°$，$\Delta\theta = 10°$，$i = 36$）

④ 代值计算：如左图

● 速度分析	
速度示意图	已知：l_1，l_2，l_3，l_4，l_5，l_6，$l_{AC}l_{BH}l_{HG}$，ω_2

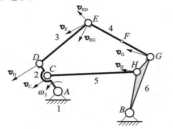

已知：l_1，l_2，l_3，l_4，l_5，l_6，$l_{AC}l_{BH}l_{HG}$，ω_2

求解：v_E

思路：

$$v_C \rightarrow v_H \rightarrow v_G \begin{matrix} \\ \end{matrix} \rightarrow v_E$$
$$v_D$$

列出矢量式：

$$v_E = v_D + v_{ED}$$
$$v_E = v_G + v_{EG}$$

矢量	v_E	v_D	v_{ED}	v_G	v_{EG}
方向	?	$\perp AD$	$\perp ED$	$\perp BG$	$\perp EG$
大小	?	$\omega_2 l_2$	?	?	?

v_G 由 v_H 求得

速度矢量图	计算方法与步骤：

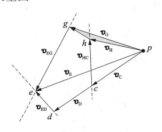

计算方法与步骤：

① 取速度极点 p，选定比例尺 μ_v

② 计算 v_C、v_D：

$$v_C = \omega_2 l_{AC}$$
$$v_D = \omega_2 l_2$$

③ 利用速度矢量 $\triangle pch$，求得 v_H

④ 利用速度投影法，过 p 点画出 v_G

⑤ 过 p 点作矢量 v_D，$pd = \dfrac{v_D}{\mu_v}$

⑥ 过 d 点作 v_{ED} 方向线 ed，$ed \perp ED$

⑦ 过 g 点作 v_{EG} 方向线 eg，$eg \perp EG$

⑧ 连接极点 p 与交点 e 得 v_E

$$v_E = pe\mu_v$$

● 加速度分析	
加速度示意图	已知：l_1，l_2，l_3，l_4，l_5，l_6，$l_{AC}l_{BH}l_{HG}$，ω_2，α_2

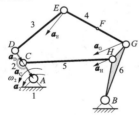

已知：l_1，l_2，l_3，l_4，l_5，l_6，$l_{AC}l_{BH}l_{HG}$，ω_2，α_2

求解：a_E

思路：

$$a_C \rightarrow a_H \rightarrow a_G \begin{matrix} \\ \end{matrix} \rightarrow a_E$$
$$a_D$$

列出矢量式：

$$a_H^n + a_H^\tau = a_C + a_{HC}^n + a_{HC}^\tau$$

矢量	a_H^n	a_H^τ	a_C	a_{HC}^n	a_{HC}^τ
方向	$H \rightarrow B$	$\perp BH$	$C \rightarrow A$	$H \rightarrow C$	$\perp CH$
大小	$\omega_6^2 l_{BH}$	?	$\omega_2^2 l_{AC}$	$\omega_5^2 l_5$	?

$$a_E = a_D + a_{ED}^n + a_{ED}^\tau = a_G + a_{EG}^n + a_{EG}^\tau$$

矢量	a_D	a_{ED}^n	a_{ED}^τ	a_G	a_{EG}^n	a_{EG}^τ
方向	$D \rightarrow A$	$E \rightarrow D$	$\perp ED$	?	$E \rightarrow G$	$\perp EG$
大小	$\omega_2^2 l_2$	$\omega_3^2 l_3$	?	?	$\omega_4^2 l_4$	?

a_G 由 a_H 求得

加速度矢量图

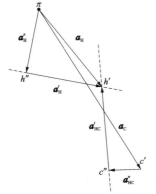

a_H 的求解

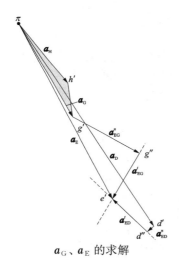

a_G、a_E 的求解

计算方法与步骤：
选定作图比例 μ_a

1）求 a_H

① 计算法向加速度：

$$\omega_3 = \frac{v_{ED}}{l_3}$$

$$\omega_4 = \frac{v_{EG}}{l_4}$$

$$\omega_5 = \frac{v_{HC}}{l_5}$$

$$\omega_6 = \frac{v_H}{l_{BH}}$$

$$a_H^n = \omega_6^2 l_{BH}$$

$$a_C = \omega_2^2 l_{AC}$$

$$a_{HC}^n = \omega_5^2 l_5$$

② 取加速度极点 π，作矢量图

$$a_H^n + a_H^\tau = a_C + a_{HC}^n + a_{HC}^\tau$$

矢量式左：过 π 点作 a_H^n（∥ BH）得 h''，再作 a_H^τ（⊥ BH）方向线

矢量式右：过 π 点作 a_C（∥ AC）得 c'，过 c' 作 a_{HC}^n（∥ CH）得 c''，过 c'' 作 a_{HC}^τ（⊥ CH）方向线 取交点 h'

③ 量得 a_H

2）求 a_G

利用加速度多边形法，由 a_H 可作加速度影像图，得 a_G。

3）求 a_E

① 计算法向加速度

$$a_D = \omega_2^2 l_2$$

$$a_{ED}^n = \omega_3^2 l_3$$

$$a_{EG}^n = \omega_4^2 l_4$$

② 取加速度极点 π，作矢量图

$$a_E = a_D + a_{ED}^n + a_{ED}^\tau$$
$$= a_G + a_{EG}^n + a_{EG}^\tau$$

矢量式 1：过 π 点作 a_D（∥ AD）得 d'，过 d' 作 a_{ED}^n（∥ ED）得 d''，过 d'' 作 a_{ED}^τ（⊥ ED）方向线 $e'd''$

矢量式 2：过 π 点作 a_G 得 g'，过 g' 作 a_{EG}^n（∥ EG）得 g''，过 g'' 作 a_{EG}^τ（⊥ EG）方向线 $e'g''$ 取 $e'd''$ 与 $e'g''$ 的交点 e'

③ 量得 a_E

Ⅲ	**机构设计**

6. 构件参数对机构特性的影响

设计参数	主动件杆长 l_2	连杆 l_3
	26～38 mm	50～74 mm
设计目标	① 改变工作轨迹曲线姿态 ② 改进驱动特性	

对工作轨迹的影响

影响曲线	变化参数		主动件杆长 l_2
	变化值域	原长（mm）	32
		偏差	20％
		设计值（mm）	26,29,32,35,38
	影响规律		随着主动件杆长度增加,点 E 的运动轨迹向左下方移动,行程增加

影响曲线	变化参数		连杆 l_3
	变化值域	原长（mm）	61
		偏差	20％
		设计值（mm）	50,56,61,68,74
	影响规律		随着连杆 3 长度增加,点 E 的运动轨迹向右上方移动并趋于扁平,行程增加

Ⅳ	**机构应用**

7. 机构可能的应用领域

应用举例：缝纫机送线机构	应用特征：
	① 缝纫机送线机构 ② 偏心轮 a 为主动件,杆 c 为从动件 ③ 偏心轮 a 通过转动副与机架相连,a 上固连一凹槽杆,可通过凹槽调节杆 f 的姿态。工作时由 a 驱动,带动杆 c 作往复运动

6. AWF663‑B17：车门六杆机构

机构数字化模型技术指南

同济大学菜茵书院

机械原理大作业

机构名称	车门六杆机构
编写人员	赵振宇
审核人员	LEP 2017、2018
完成时间	2017 年秋季学期

机构名称	车门六杆机构				
原始编号	AWF663 – B17	编写人员	赵振宇	编写日期	2017 年 9 月 8 日
LEP 编号	LEP0001	审核人员	LEP 2017、2018	审核日期	2018 年 9 月 24 日
简要信息	结构特征	两个平行四边形			
	运动学特征	主动件定轴转动带动从动件的定轴转动			
	动力学特征	靠作用在主动件上的驱动力矩驱动			
	应用特征	利用从动件定轴转动的特性			

Ⅰ　机构认识

实体结构图

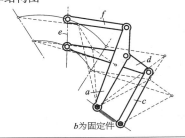

b 为固定件

1. 机构结构及信息

1）资料来源	AWF663 – B17
2）创建日期	2017 年 9 月 12 日
3）总体尺寸	130 mm × 130 mm
4）制造材料	有机玻璃
5）运动维度	平面

运动简图

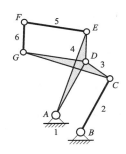

2. 机构简图及尺寸

1）机构类别	平面六杆机构		

2）运动副个数及类型

转动副	移动副	高　副	其他运动副
7	—	—	—

3）机构简图尺寸(mm)

$l_1(AB) = 32$	$l_2(BC) = 66$	$l_3(GC) = 96$
$AB = DC = DE$ $= GF$	$BC = AD = GD$ $= EF$	$\angle BAx = 35°$
$GC = AE$		

运动链图

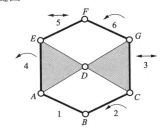

3. 运动链图及组成

构件功能	数　量	构件编号
1）主动件	1	构件 2
2）从动件	1	构件 6
3）Ⅱ级杆组	1	构件 5 – 6
4）Ⅲ级杆组	—	—
5）Ⅳ级杆组	—	—
6）其他构件组	—	—

转动：　；移动：　；平面运动：

Ⅱ 机构分析

4. 运动形式	
1）主动件及驱动方式	构件 2 单向转动
2）从动件及运动方式	构件定轴转动
3）运动任务	构件 2 单向转动，带动构件 6 做定轴转动
4）输出与输入构件的相对位置	输出构件 6 与输入构件 2 共面

5. 机构特性				
1）自由度	活动构件数	低 副 数	高 副 数	虚 约 束
	$n=5$	$g_1=7$	$g_2=0$	—
	局部自 5 度	特殊构件连接	特殊几何关系	其他约束
	—	—	—	—
	机构自由度	$F=3n-2g_1-g_2$ $F=3\times5-2\times7-0$ $=1$		
2）周转副个数及分布	周转副个数	7		
	周转副分布	12、14、23、34、45、56、36		

3）机构运动几何空间

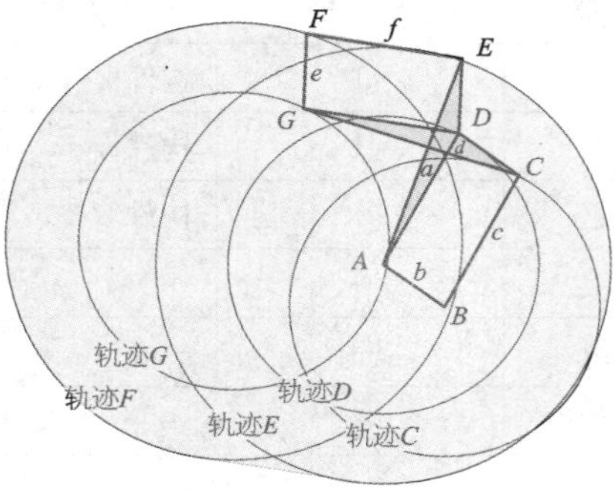

分析方法与步骤：
① 各构件运动极限位置（右图）
② 各构件运动范围（右图）
③ 所有构件运动范围的外包络线（左图）

工具：
① GeoGebra 运动仿真
② 观察轨迹跟踪仿真

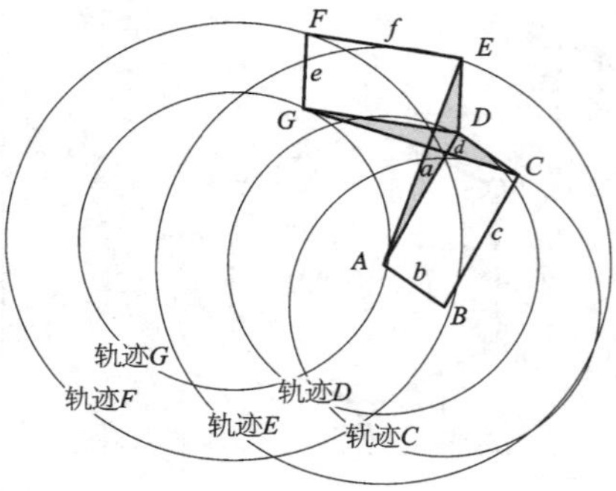

4）传动特性

传动函数

● 位移分析

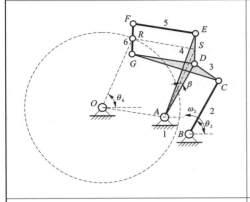

$BC \ /\!/ \ AD,AS \ /\!/ \ OR$，所以 $\theta_6 = \theta_2 + \beta$，
$r_{OR} = l_{AS}$

从动件转角与主动件转角之间的关系曲线

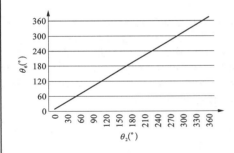

由于 R 绕 O 点做匀速转动,故从动件转角与主动件转角之间的关系曲线如图所示

● 速度分析

速度示意图

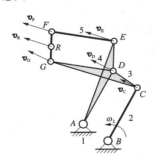

已知：l_1，l_2，l_3，ω_2，α_2，R 为中点
求解：ω_R，v_R
列出矢量式：

$$v_F = v_E = v_G + v_{FG}$$
$$v_R = v_G + v_{RG}$$

矢量	v_R	v_G	v_{RG}
方向	?	$\perp BC$	$\perp GF$
大小	?	$\omega_2 l_{AB}$	$\omega_R l_{GF}/2$

其结构特殊：
$ABCD$ 与 $FGDE$ 为两个全等的平行四边形
GDC 与 WDA 为两个全等的三角形

速度矢量图	计算方法与步骤：
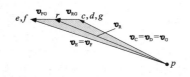	① 取速度极点 p，选定比例尺 μ_v ② 计算 v_C $$v_C = \omega_2 l_{bc}$$ ③ 因为 $ABCD$ 为平行四边形，所以 $v_D = v_C$，构件 3 是在做瞬时平动，所以 $v_G = v_C$ ④ 利用速度影像法，在 v_D 处绘制 $\triangle ADE$ 的相似三角形，量得 v_E ⑤ 因为 $DEFG$ 为平行四边形，所以 $v_F = v_E$，列出矢量式：$v_F = v_G + v_{FG}$ ⑥ 量取 FG，求得 v_{FG}，由于 R 为 GF 中点，故 $v_{RG} = \dfrac{1}{2}v_{FG}$ ⑦ 代入第二个矢量式中，由作图法可求 v_R ⑧ 量得 v_R
输出构件角速度（速度）与主动件转角（位移）之间的关系	原始方程： 由已知条件可知 C 点做匀速圆周运动，由于其结构特殊性可知 D 点与 E 点也是一直在做匀速圆周运动，所以构件 3 一直做瞬时平动，G 点也一直做匀速圆周运动，因为为平行四边形 $DEFG$，所以 F 点也是做匀速圆周运动。因为 $v_G = v_C$，$v_F = v_E$，所以从动件角速度恒定，中点 R 速度恒定
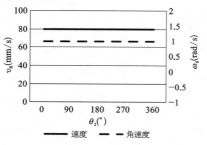	

● 加速度分析

加速度示意图	由以上分析可知角加速度均为 0，但有大小恒定的向心加速度 $a = \dfrac{v^2}{r}$
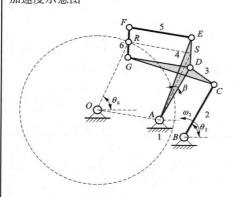	

Ⅲ　机构设计

6. 构件参数对机构特性的影响

设计参数	构件 3、4 的形状
设计目标	改变运动轨迹圆心的位置

对导向轨迹的影响

构件 3、4 的形状将影响从动件运动轨迹圆心的位置
当构件 3、4 为等腰三角形时，与机架相连的 A、B 点连线与从动件中点轨迹圆相切
当构件 3、4 为细长杆件时，轨迹圆心在从动件 6 的延长线与机架 A、B 连线的交点上

构件 3、4 为等腰三角形轨迹	构件 3、4 为细长杆件轨迹
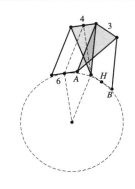	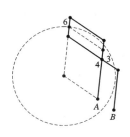

Ⅳ　机构应用

7. 机构可能的应用领域

应用举例：da Vinci 微创手术机器人

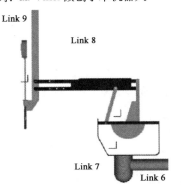

应用特征：
① 微创手术机器人从手机械臂机构
② 杆 Link 7 为主动件，杆 Link 9 为从动件
③ Link 7、Link 8、Link 9 构成双平行四边形机构，完成手术操作

7．AWF666－B67：六构件齿轮连杆机构

机构数字化模型技术指南

同济大学菜茵书院

机械原理大作业

机构名称	六构件齿轮连杆机构
编写人员	林新栋
审核人员	LEP 2017、2018
完成时间	2017 年秋季学期

机构名称	六构件齿轮连杆机构				
原始编号	AWF666 - B67	编写人员	林新栋	编写日期	2017 年 9 月 8 日
LEP 编号	LEP0001	审核人员	LEP 2017、2018	审核日期	2018 年 9 月 22 日
简要信息	结构特征	本机构为六杆机构,包含两齿轮副以及 6 转动副			
	运动学特征	驱动目标机构做直线运动			
	动力学特征	将转矩转化为竖直方向的力			
	应用特征	抬升重物			

I　机构认识

实体结构图

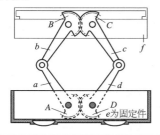

1. 机构结构及信息

1) 资料来源	AWF666 - B67
2) 创建日期	1928 年 9 月—1941 年 7 月
3) 总体尺寸	130 mm×130 mm
4) 制造材料	金属
5) 运动维度	平面

运动简图

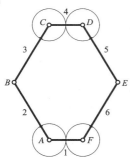

2. 机构简图及尺寸

1) 机构类别　六杆齿轮连杆机构

2) 运动副个数及类型

转动副	移动副	高　副	其他运动副
6	—	2	—

3) 机构简图尺寸

$l_1(AF)=12$ mm	$l_2(AB)=25$ mm	$l_3(BC)=25$ mm
$l_4(CD)=12$ mm	$l_5(DE)=25$ mm	$l_6(EF)=25$ mm

运动链图

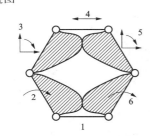

3. 运动链图及组成

构件功能	数　量	构件编号
1) 主动件	1	构件 2
2) 从动件	1	构件 4
3) Ⅱ级杆组	—	—
4) Ⅲ级杆组	—	—
5) Ⅳ级杆组	—	—
6) 其他构件组	—	—

转动：　；移动：　；平面运动：

Ⅱ 机构分析

4. 运动形式

1）主动件及驱动方式	构件 2 双向转动
2）从动件及运动方式	构件 4 上下运动
3）运动任务	构件 2 双向转动,带动构件 4 做上下运动
4）输出与输入构件的相对位置	输出构件 4 与输入构件 2 共面

5. 机构特性

	活动构件数	低 副 数	高 副 数	虚 约 束
1）自由度	$n = 5$	$g_1 = 6$	$g_2 = 2$	—
	局部自由度	特殊构件连接	特殊几何关系	其他约束
	—	—	—	—

1）自由度	机构自由度	$F = 3n - 2g_1 - g_2$ $F = 3 \times 5 - 2 \times 6 - 1 \times 2$ $= 1$

2）周转副个数及分布	周转副个数	0
	周转副分布	—

3）机构运动几何空间

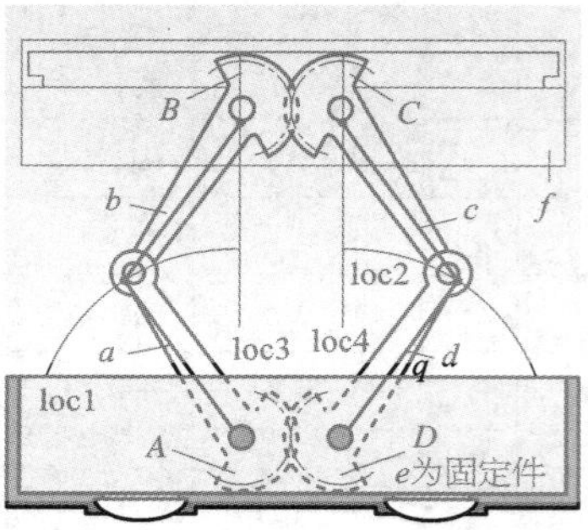

分析方法与步骤:
① 各构件运动极限位置(右图)
② 各构件运动范围(右图)
③ 所有构件运动范围的外包络线(左图)

工具:
① GeoGebra 运动仿真
② 观察轨迹跟踪仿真

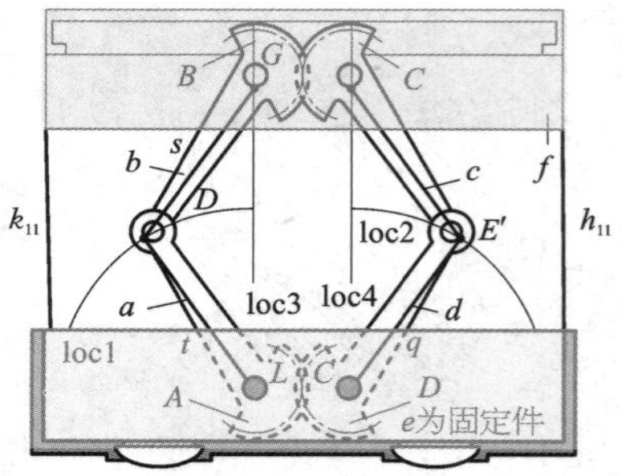

4）传动特性

（1）传动函数

● 位移分析

传递函数参数 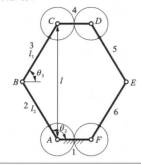	传递函数的矢量式： $$\overrightarrow{AC}=\overrightarrow{AB}+\overrightarrow{BC}$$ $$l=l_2\sin(\pi-\theta_2)+l_3\sin\theta_3$$ 计算公式： $$l=\theta(\theta_2)$$ $$l=l_2\sin(\pi-\theta_2)+l_3\sin(\pi-\theta_2)$$
输出构件位移与主动件转角之间的关系曲线 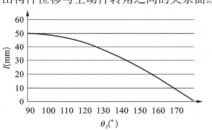	计算方法与步骤： ① 数学模型：$l=\theta(l_2,\ l_3,\ \theta_2,\ \theta_3)$ ② 计算常量：$AB=25$ mm，$AC=25$ mm ③ 计算变量：θ_2 ④ 代值计算：如左图
从动件 3 与主动件转角之间的关系曲线 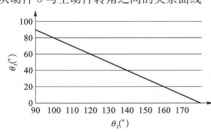	计算方法与步骤： ① 数学模型：$\theta_3=\pi-\theta_2$ ② 计算常量：π ③ 计算变量：θ_2 ④ 代值计算：如左图

● 速度分析

速度示意图 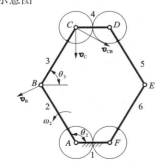	已知：$l_1=12$ mm，$l_2=25$ mm，$l_3=25$ mm，$l_4=12$ mm，$l_5=25$ mm，$l_6=25$ mm $$\omega_2=1\ \text{rad/s}，\alpha_2=0°$$ 求解：v_C 列出矢量式： $$\boldsymbol{v}_C=\boldsymbol{v}_B+\boldsymbol{v}_{CB}$$

矢量	$\boldsymbol{v}_C$	$\boldsymbol{v}_B$	$\boldsymbol{v}_{CB}$
方向	$\perp CD$	$\perp AB$	$\perp BC$
大小	？	$\omega_2 l_{AB}$	？

速度矢量图

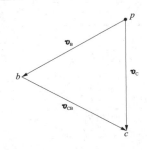

计算方法与步骤：
① 取速度极点 p，选定比例尺 μ_v
② 计算 v_B：$v_B = \omega_2 l_2$
③ 过 p 点作矢量 v_B，$v_B \perp AB$；$pb = v_B / \mu_v$
④ 过 v_B 终点作 v_{CB} 方向线 bc，$bc \perp BC$
⑤ 过 p 点作 v_C 方向线 pc，$pc \perp CD$
⑥ 连接极点 p 与交点 c 得 v_C，$v_C = pc \times \mu_v$

输出构件角速度（速度）与主动件转角（位移）之间的关系式

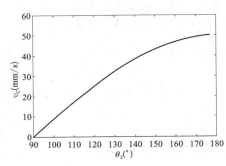

原始方程：

$$v_B + v_{CB} = v_C$$

$$\begin{cases} \omega_2 l_2 \sin\left(\theta_2 - \dfrac{\pi}{2}\right) + \omega_3 l_3 \sin\left(\theta_2 - \dfrac{\pi}{2}\right) = v_C \\ \omega_2 = \omega_3 \end{cases}$$

推导公式：

$$v_C = -2\omega_2 l_2 \cos\theta_2$$

● 加速度分析

加速度示意图

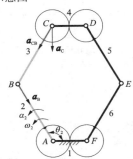

已知：
$l_1 = 12$ mm，$l_2 = 25$ mm，$l_3 = 25$ mm，$l_4 = 12$ mm，$l_5 = 25$ mm，$l_6 = 25$ mm

$$\omega_2 = 1 \text{ rad/s}，\alpha_2 = 0°$$

求解：a_C
加速度矢量式：

$$a_C = a_B + a_{CB}^n + a_{CB}^\tau$$

矢量	a_C	a_B	a_{CB}^n	a_{CB}^τ
方向	$\perp CD$	$B \rightarrow A$	$C \rightarrow B$	$\perp CB$
大小	？	$\omega_2^2 l_2$	$\omega_3^2 l_3$	？

加速度矢量图	计算方法与步骤:
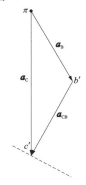	① 取加速度极点 π,选定作图比例 μ_a ② 计算法向加速度: $$a_B = \omega_2^2 l_2$$ $$a_{CB}^n = \omega_3^2 l_3$$ ③ 作矢量图,过 π 点作 a_B($/\!/ BA$)得点 b',过点 b' 作 a_{CB}^n($/\!/ CB$),过 π 点作 a_C($\perp CD$)与 a_{CB}^n 交于点 c' ④ 量得 $a_C = \pi c' \times \mu_a$
输出构件加速度与主动件转角之间的关系式 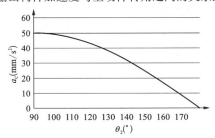	原始方程: $$a_B + a_{CB}^\tau + a_{CB}^n = a_C$$ $$\omega_2^2 l_2 \sin(\pi - \theta_2) + \omega_3^2 l_3 \sin(\pi - \theta_2) = a_C$$ 推导公式: $$a_C = 2\omega_2^2 l_2 \sin(\pi - \theta_2)$$

（2）机构驱动特性

驱动力（矩）与主动件转角（位移）之间的关系式 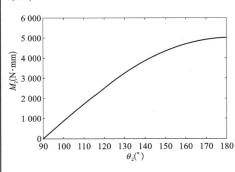	主动件参数	$\omega_2 = 1\ \mathrm{rad/s}$,$M_2(\theta_2)$
	从动件参数	v_C,$F = 100\ \mathrm{N}$
	功能关系	$P = F v_C = \omega_2 M_2(\theta_2)$
	驱动特性	驱动力矩: $$M_2(\theta_2) = 100 v_C$$

Ⅲ　机构设计

6. 构件参数对机构特性的影响

设计参数	主动件杆长 l_2		
	因该机构对称,且 $l_2 = l_3$,只需分析不同 l_2 对机构运动的影响即可		
设计目标	① 改进压力角 ② 改进传动特性 ③ 改进驱动特性		

对传动特性的影响

(1) 对压力角的影响

影响曲线	变化参数	机架杆长 l_1	
	变化值域	原长(mm)	25
		偏差	20%
		设计值(mm)	20,22.5,25,27.5,30
	影响规律	改变杆长对压力角没有影响	

(2) 对传动函数的影响

影响曲线	变化参数	主动件杆长 l_2	
	变化值域	原长(mm)	25
		偏差	20%
		设计值(mm)	20,22.5,25,27.5,30
	影响规律	主动件 90°时机架杆对传动性能影响较大。160°后机架杆的长度对传动性能影响可忽略	

(3) 对驱动特性的影响

影响曲线	变化参数	主动件杆长 l_2	
	变化值域	原长(mm)	25
		偏差	20%
		设计值(mm)	20,22.5,25,27.5,30
	影响规律	主动件 110°～140°时机架杆对驱动力矩影响较大。160°后机架杆的长度对驱动性能影响可忽略	

Ⅳ　机构应用
7. 机构可能的应用领域

应用举例 1：车用千斤顶 	应用特征： ① 车用千斤顶 ② 丝杆为主动件 ③ 通过中间的丝杆驱动，拉动主动件 2 使得构件 2，6 靠近，从而顶起较大重物 ④ 用于顶起重物
应用举例 2：剪叉式高空作业平台 	应用特征： ① 剪叉式高空作业平台 ② 液压缸输出杆为主动件，平台为从动件 ③ 通过液压缸顶起使平台慢慢上升 ④ 用于高空作业

8．AWF667－B07：双滑块四杆机构

机构数字化模型技术指南

同济大学莱茵书院

机械原理大作业

机构名称	双滑块四杆机构
编写人员	乔文韬
审核人员	LEP 2017、2018
完成时间	2017 年秋季学期

机构名称	双滑块四杆机构				
原始编号	AWF667－B07	编写人员	乔文韬	编写日期	2017 年 9 月 8 日
LEP 编号	LEP0001	审核人员	LEP 2017、2018	审核日期	2018 年 9 月 25 日
简要信息	结构特征	本机构为双滑块四杆机构			
	运动学特征	通过连杆将一个滑块的运动传递到另一个滑块上			
	动力学特征	只需要在主动件上加一个驱动力使得机构运动			
	应用特征	通过该四杆机构能够直观的展示动瞬心线与静瞬心线的纯滚关系			

Ⅰ　机构认识

实体结构图

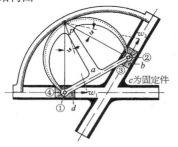

1.　机构结构及信息

1）资料来源	AWF667－B07	
2）创建日期	2017 年 9 月 8 日	
3）总体尺寸	130 mm×130 mm	
4）制造材料	金属	
5）运动维度	平面	

运动简图

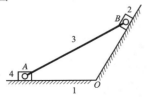

2.　机构简图及尺寸

1）机构类别	平面四杆机构

2）运动副个数及类型

转动副	移动副	高　副	其他运动副
2	2	—	—

3）机构简图尺寸

$l_3(AB) = 76$ mm	$\angle AOB = 120°$

运动链图

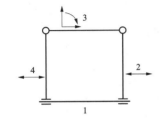

3.　运动链图及组成

构件功能	数　量	构件编号
1）主动件	1	构件 2
2）从动件	1	构件 4
3）Ⅱ级杆组	1	构件 3－4
4）Ⅲ级杆组	—	—
5）Ⅳ级杆组	—	—
6）其他构件组	—	—

转动：⌒；移动：↔；平面运动：↱

Ⅱ　机构分析

4. 运动形式

1）主动件及驱动方式	构件 2 往复移动
2）从动件及运动方式	构件 4 往复移动
3）运动任务	构件 2 往复移动，通过连杆 3 带动构件 4 做往复移动
4）输出与输入构件的相对位置	构件 4 的移动副所在直线与构件 2 的移动副所在直线呈 60°

5. 机构特性

1）自由度	活动构件数	低 副 数	高 副 数	虚 约 束
	$n = 3$	$g_1 = 4$	$g_2 = 0$	—
	局部自由度	特殊构件连接	特殊几何关系	其他约束
	—			
	机构自由度	$F = 3n - 2g_1 - g_2$ $F = 3 \times 3 - 2 \times 4 - 0$ $= 1$		

2）周转副个数及分布	周转副个数	0
	周转副分布	—

3）机构运动几何空间

分析方法与步骤：
① 各构件运动极限位置（右图）
② 各构件运动范围（右图）
③ 所有构件运动范围的外包络线（左图）

工具：
① GeoGebra 运动仿真
② 观察轨迹跟踪仿真

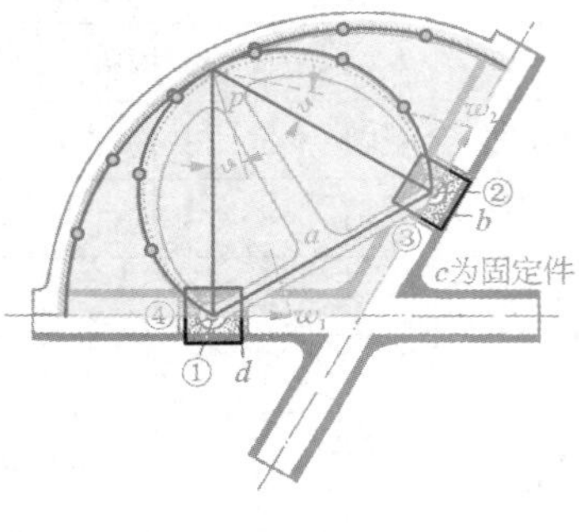

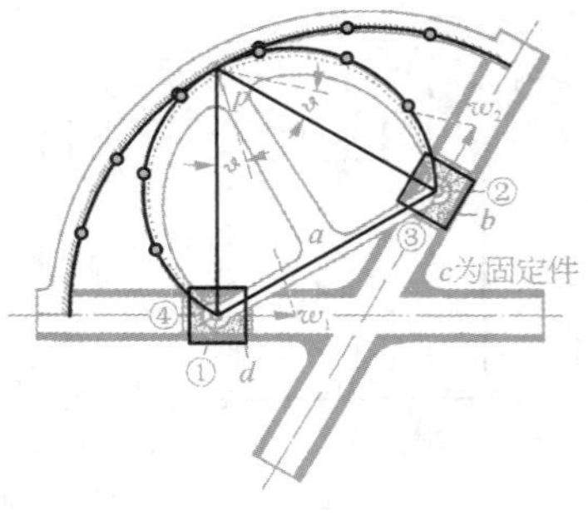

4）传动特性

（1）压力角和传动角

压力角/传动角标注	压力角/传动角原始公式：

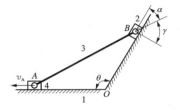

压力角/传动角原始公式：

$$\begin{cases} l_{AO} + l_{OB}\cos(\pi - \angle AOB) = l_{AB}\cos(60° - \alpha) \\ l_{OB}\sin(\pi - \angle AOB) = l_{AB}\sin(60° - \alpha) \end{cases}$$

压力角计算公式：

$$\alpha = f(l_{AO})$$

传动角计算公式：

$$\gamma = \frac{\pi}{2} - \alpha$$

压力角与主动件转角或位移之间的关系曲线

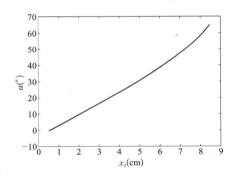

压力角计算步骤：

① 数学模型：$\alpha = \alpha(l_{AO}, l_{OB}, l_{AB}, \theta)$

② 计算常量：

$$l_{AB} = 7.6 \text{ cm}, \theta = 120°$$

③ 计算变量：

$$l_{AO} = i\Delta l(\Delta l = 0.76 \text{ cm}, i = 10)$$

④ 代值计算：如左图

传动角与主动件转角或位移之间的关系曲线

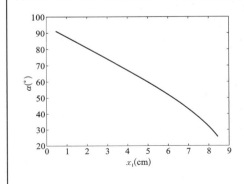

传动角计算步骤：

① 数学模型：$\gamma = \gamma(\alpha)$

② 计算常量：$\pi/2$

③ 计算变量：α

④ 代值计算：如左图

（2）传动函数

● 位移分析	
传递函数参数 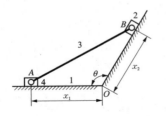	传递函数的矢量式： $$\vec{x}_1 + \vec{x}_2 = \overrightarrow{AB}$$ $$\begin{cases} x_1 + x_2\cos(\pi-\theta) = l_{AB}\cos\angle BAO \\ x_2\sin(\pi-\theta) = l_{AB}\sin\angle BAO \end{cases}$$ 计算公式：$x_2 = f(x_1)$ 其中： $$\theta = 120°$$ $$l_{AB} = 7.6 \text{ cm}$$
输出构件位移与主动件位移之间的关系曲线 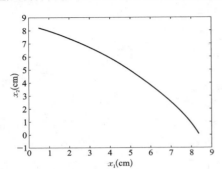	计算方法与步骤： ① 数学模型：$x_2 = f(x_1, l_{AB}, \angle AOB, \theta)$ ② 计算常量： $$\theta = 120°, l_{AB} = 7.6 \text{ cm}$$ ③ 计算变量： $$x_1 = i\Delta x (\Delta x = 0.76 \text{ cm}, i = 10)$$ ④ 代值计算：如左图

● 速度分析	
速度示意图 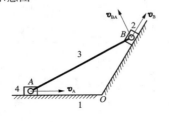	已知：$AB = 7.6$ cm，$\angle AOB = 120°$ $$v_A = 3.1 \text{ cm/s}$$ 求解：v_B 列出矢量式： $$v_B = v_A + v_{BA}$$

矢量	v_B	v_A	v_{BA}
方向	$// OB$	$// AO$	$\perp AB$
大小	?	3.1 cm	?

| 速度矢量图 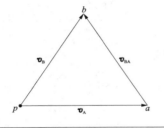 | 计算方法与步骤：
① 取速度极点 p，选定比例尺 μ_v
② 已知 v_A 大小
③ 过 p 点作矢量 v_A，$v_A \perp AO$，$pa = v_A/\mu_v$
④ 过 v_A 终点作 v_{BA} 方向线 ba，$ba \perp AB$
⑤ 过 p 点作 v_B 方向线 pb，$pb \perp OB$
⑥ 连接极点 p 与交点 b 得 v_B，$v_B = pb \times \mu_v$ |

输出构件速度与主动件位移之间的关系曲线 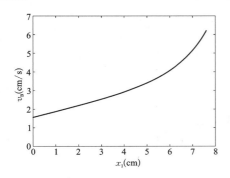	原始方程： $$\boldsymbol{v}_{\mathrm{B}} = \boldsymbol{v}_{\mathrm{A}} + \boldsymbol{v}_{\mathrm{BA}}$$ $$\begin{cases} \dfrac{\sin\angle AOB}{l_{\mathrm{AB}}} = \dfrac{\sin(\pi - \angle AOB - \angle BAO)}{x_1} \\ v_{\mathrm{BA}}\cos\angle BAO = \sin(\pi - \angle AOB)v_{\mathrm{B}} \\ v_{\mathrm{BA}}\sin\angle BAO = -\cos(\pi - \angle AOB)v_{\mathrm{B}} + v_{\mathrm{A}} \end{cases}$$ 推导公式： $$\begin{cases} \angle BAO = 60° - \arcsin\left(\dfrac{\sqrt{3}\,x_1}{15.2}\right) \\ v_{\mathrm{B}} = \dfrac{2v_{\mathrm{A}}}{\sqrt{3}\tan\angle BAO + 1} \end{cases}$$

● 加速度分析

加速度示意图 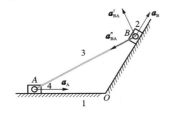	已知：$AB = 7.6\ \mathrm{cm}$，$\angle AOB = 120°$，$\boldsymbol{a}_{\mathrm{A}} = 0$ 求解：$\boldsymbol{a}_{\mathrm{B}}$ 加速度矢量式： $$\boldsymbol{a}_{\mathrm{B}} = \boldsymbol{a}_{\mathrm{A}} + \boldsymbol{a}_{\mathrm{BA}}^{n} + \boldsymbol{a}_{\mathrm{BA}}^{\tau}$$ 表见下

矢量	$\boldsymbol{a}_{\mathrm{B}}$	$\boldsymbol{a}_{\mathrm{A}}$	$\boldsymbol{a}_{\mathrm{BA}}^{n}$	$\boldsymbol{a}_{\mathrm{BA}}^{\tau}$
方向	$B \to O$	$A \to O$	$B \to A$	$\perp AB$
大小	?	0	$\omega_3^2 l_{\mathrm{AB}}$	?

加速度矢量图 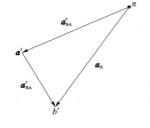	计算方法与步骤： ① 取加速度极点 π，选定作图比例 μ_{a} ② 计算法向加速度： $$\omega_3 = v_{\mathrm{BA}}/l_3，\ \boldsymbol{a}_{\mathrm{BA}}^{n} = \omega_3^2 l_3$$ ③ 作矢量图 　矢量式右：过 π 点作 $\boldsymbol{a}_{\mathrm{BA}}^{n}(/\!/\ AB)$ 方向线 $\pi a'$，过 a' 点作 $\boldsymbol{a}_{\mathrm{BA}}^{\tau}(\perp AB)$ 得 b' 　矢量式左：过 π 点作 $\boldsymbol{a}_{\mathrm{B}}(/\!/\ BO)$ 得 $\pi b'$ ④ 量得 $\boldsymbol{a}_{\mathrm{B}} = \pi b' \times \mu_{\mathrm{a}}$

（3）机构驱动特性

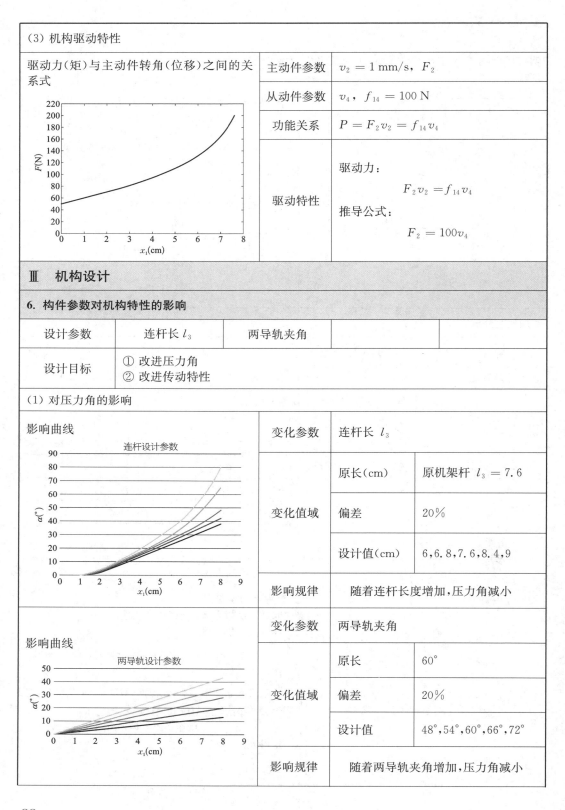

驱动力（矩）与主动件转角（位移）之间的关系式	主动件参数	$v_2 = 1\,\text{mm/s}$，F_2
	从动件参数	v_4，$f_{14} = 100\,\text{N}$
	功能关系	$P = F_2 v_2 = f_{14} v_4$
	驱动特性	驱动力：$$F_2 v_2 = f_{14} v_4$$ 推导公式：$$F_2 = 100 v_4$$

Ⅲ 机构设计

6. 构件参数对机构特性的影响

设计参数	连杆长 l_3	两导轨夹角	
设计目标	① 改进压力角 ② 改进传动特性		

（1）对压力角的影响

影响曲线	变化参数	连杆长 l_3	
	变化值域	原长（cm）	原机架杆 $l_3 = 7.6$
		偏差	20%
		设计值（cm）	$6,6.8,7.6,8.4,9$
	影响规律	随着连杆长度增加,压力角减小	

影响曲线	变化参数	两导轨夹角	
	变化值域	原长	$60°$
		偏差	20%
		设计值	$48°,54°,60°,66°,72°$
	影响规律	随着两导轨夹角增加,压力角减小	

（2）对传动函数的影响

影响曲线	变化参数		连杆长 l_3
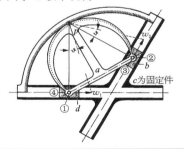	变化值域	原长（cm）	7.6
		偏差	20％
		设计值（cm）	6，6.8，7.6，8.4，9
	影响规律		随着连杆长度增加，从动件位移减小
影响曲线	变化参数		两导轨夹角
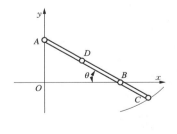	变化值域	原长	60°
		偏差	20％
		设计值	48°，54°，60°，66°，72°
	影响规律		从动件位移随着两移动副夹角增加而减小；但在首末两端变化不大

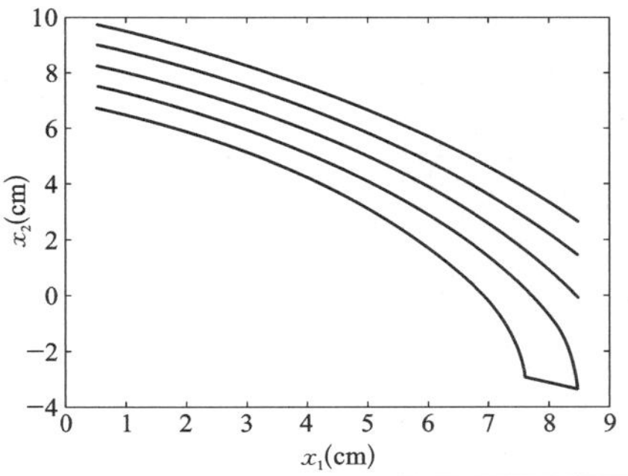

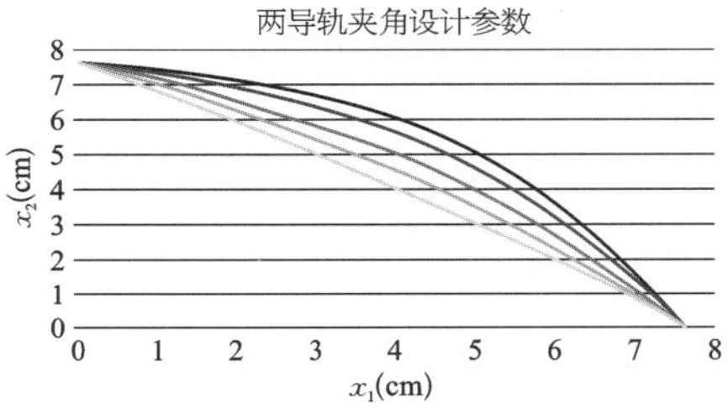

Ⅳ　机构应用

7. 机构可能的应用领域

应用举例1：教学机构	应用特征：
![教学机构图]	① 教学机构 ② 一个滑块为主动件，另一个滑块为从动件 ③ 两个滑块之间通过连杆连接起来，启动一个滑块使得另一个滑块同时移动 ④ 通过驱动滑块使得动瞬心线与静瞬心线展示纯滚效果
应用举例2：画椭圆机构	应用特征： ① 画椭圆机构 ② 一个滑块为主动件，另一个滑块为从动件 ③ 基于双滑块机构的椭圆绘图仪的原理如图所示，以支座 O 为原点，十字形滑槽为 x、y 轴建立坐标系。A、B 两点只能分别在 x、y 轴上移动。设 D 为 AB 的中点，当点 C 在 DB 之间或在 AB 的延长线上时，$a>b>0$，点 C 的轨迹是焦点在 x 轴上，以 $AC=a$ 为长半轴、$BC=b$ 为短半轴的椭圆。当点 C 在 AD 之间时，$b>a>0$，点 C 的轨迹是焦点在 y 轴上，以 $AC=a$ 为短半轴、$BC=b$ 为长半轴的椭圆 ④ 用于椭圆绘制

9．AWF667－B26：四杆机构(曲柄滑块)

机构数字化模型技术指南

同济大学莱茵书院

机械原理大作业

机构名称	四杆机构(曲柄滑块)
编写人员	钱韡恺
审核人员	LEP 2017、2018
完成时间	2017 年秋季学期

机构名称	四杆机构(曲柄滑块)				
原始编号	AWF667 - B26	编写人员	钱鞸恺	编写日期	2017 年 9 月 8 日
LEP 编号	LEP0001	审核人员	LEP 2017、2018	审核日期	2018 年 9 月 22 日
简要信息	结构特征	由 1 个机架,2 根杆件,1 个滑块组成,共 3 个转动副,1 个移动副			
	运动学特征	曲柄 2 转动通过连杆 3 使滑块 4 做水平往复平移,连杆 3 与机架有一段齿轮啮合消除机构运动奇异性			
	动力学特征	由于杆件间摩擦力的存在,加在主动件上的力会损失一部分,但可以传动大部分的力,传动效率较高			
	应用特征	通过四杆机构的运动,可以将圆周运动转化为往复的直线运动			

Ⅰ　机构认识

实体结构图

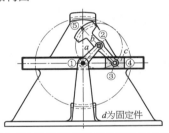

运动简图

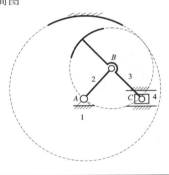

运动链图

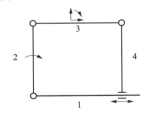

1. 机构结构及信息

1) 资料来源	AWF667 - B26
2) 创建日期	2017 年 9 月 8 日
3) 总体尺寸	130 mm×130 mm
4) 制造材料	木材、金属
5) 运动维度	平面

2. 机构简图及尺寸

1) 机构类别	平面四杆机构

2) 运动副个数及类型

转动副	移动副	高　副	其他运动副
3	1	—	—

3) 机构简图尺寸

$l_1(AB) = 2.5$ cm	$l_2(BC) = 2.5$ cm

3. 运动链图及组成

构件功能	数　量	构件编号
1) 主动件	1	构件 2
2) 从动件	1	滑块 4
3) Ⅱ级杆组	1	构件 3 - 4
4) Ⅲ级杆组	—	—
5) Ⅳ级杆组	—	—
6) 其他构件组	—	—

转动:↶;移动:↔;平面运动:↱

Ⅱ　机构分析

4. 运动形式

1) 主动件及驱动方式	构件 2 单向转动
2) 从动件及运动方式	滑块 4 水平往复平移
3) 运动任务	构件 2 单向转动,通过连杆 3 带动构件 4 做往复平移
4) 输出与输入构件的相对位置	输出构件 4 在过输入构件 2 的转轴中心点的水平线上

5. 机构特性

1) 自由度	活动构件数	低 副 数	高 副 数	虚 约 束
	$n = 3$	$g_1 = 4$	$g_2 = 0$	
	局部自由度	特殊构件连接	特殊几何关系	其他约束
	—	—	—	—
	机构自由度	$F = 3n - 2g_1 - g_2 = 3 \times 3 - 2 \times 4 = 1$		

2) 周转副个数及分布	周转副个数	3
	周转副分布	12,23,34

3) 机构运动几何空间

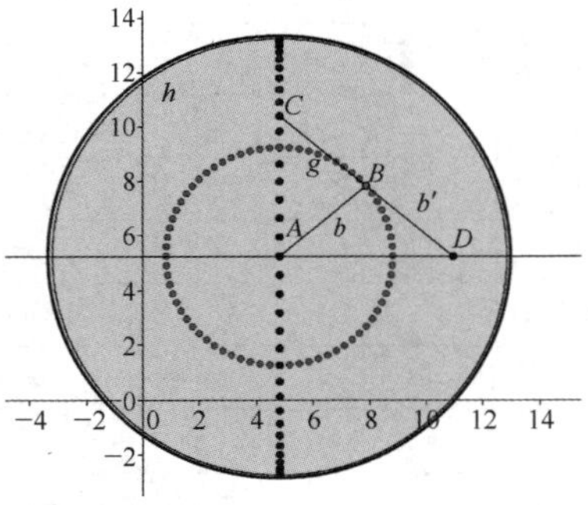

分析方法与步骤:
① 各构件运动极限位置(右图)
② 各构件运动范围(右图)
③ 所有构件运动范围的外包络线(左图)

工具:
① GeoGebra 运动仿真
② 观察轨迹跟踪仿真

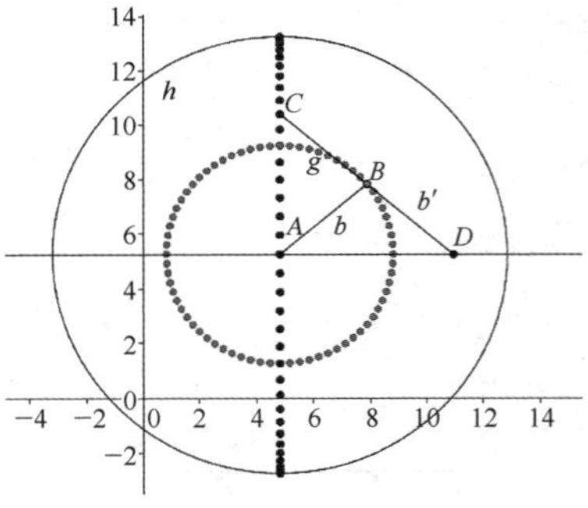

4) 传动特性

（1）压力角和传动角

压力角/传动角标注	压力角/传动角原始公式：
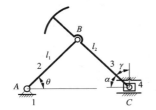	$$\frac{l_1}{\sin\alpha}=\frac{l_2}{\sin\theta}$$ $$l_1\sin\theta=l_2\sin\alpha$$ 压力角计算公式： $$\alpha=\arcsin\left(\frac{l_1\sin\theta}{l_2}\right)$$ 传动角计算公式： $$\gamma=\frac{\pi}{2}-\theta$$ 特例 $l_1=l_2$ 时，$\alpha=\theta$
压力角与主动件转角或位移之间的关系曲线 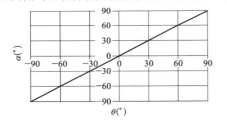	压力角计算步骤： ① 数学模型：$\alpha=\alpha(l_1,\ l_2,\ \theta)$ ② 计算常量： $$l_1=l_2=2.5\ \text{cm}$$ ③ 计算变量： $$\theta_2=\theta_0+i\Delta\theta(\theta_0=0°,\ \Delta\theta=10°,\ i=36)$$ ④ 代值计算：如左图
传动角与主动件转角或位移之间的关系曲线 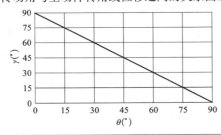	传动角计算步骤： ① 数学模型：$\gamma=\gamma(\theta)$ ② 计算常量：$\pi/2$ ③ 计算变量：θ ④ 代值计算：如左图

（2）传动函数

● 位移分析

传递函数参数	传递函数的矢量式：
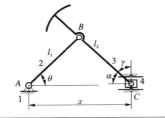	$$x=l_1\cos\theta+l_2\cos\alpha$$ $$l_1=l_2=2.5\ \text{cm},\ \theta=\alpha$$ 计算公式：$x=x_1(\theta)$ $$x=2l_1\cos\theta=5\cos\theta$$

输出构件位移与主动件转角之间的关系曲线	计算方法与步骤：
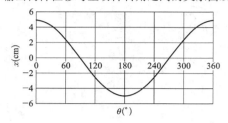	① 数学模型：$x = x_1(l_1,\ l_2,\ \theta)$
	② 计算常量：$l_1 = l_2 = 2.5\ \text{cm}$
	③ 计算变量：
	$\theta_2 = \theta_0 + i\Delta\theta(\theta_0 = 0°,\ \Delta\theta = 10°,\ i = 36)$
	④ 代值计算：如左图

● 速度分析

速度示意图	已知：$l_1 = l_2 = 2.5\ \text{cm}$
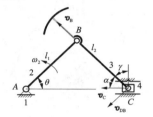	$\qquad\omega_2 = 1\ \text{rad/s},\ a_2 = 0$
	求解：$\boldsymbol{v}_C$
	列出矢量式：
	$$\boldsymbol{v}_C = \boldsymbol{v}_B + \boldsymbol{v}_{CB}$$

矢量	$\boldsymbol{v}_C$	$\boldsymbol{v}_B$	$\boldsymbol{v}_{CB}$
方向	$/\!/ AC$	$\perp AB$	$\perp BC$
大小	?	$\omega_2 l_1$	?

速度矢量图	计算方法与步骤：
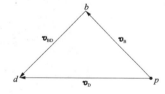	① 取速度极点 p，选定比例尺 μ_v
	② 计算 $\boldsymbol{v}_B$ 大小：$\boldsymbol{v}_B = \omega_2 l_1$
	③ 过 p 点作矢量 $\boldsymbol{v}_B$，$\boldsymbol{v}_B \perp AB$；$pb = v_B/\mu_v$
	④ 过 $\boldsymbol{v}_B$ 终点作 v_{CB} 方向线 bd，$bd \perp BC$
	⑤ 过 p 点作 $\boldsymbol{v}_C$ 方向线 pd，$pd /\!/ AC$
	⑥ 连接极点 p 与交点 c 得 $\boldsymbol{v}_C$，$\boldsymbol{v}_C = pd\mu_v$

输出构件角速度（速度）与主动件转角（位移）之间的关系式	原始方程：
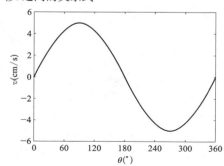	$$\boldsymbol{v}_C = \boldsymbol{v}_B + \boldsymbol{v}_{CB}$$
	$$\begin{cases} \omega_2 l_1 \sin\left(\dfrac{\pi}{2} - \theta\right) = v_{BC} \sin\left(\dfrac{\pi}{2} - \theta\right) \\ \omega_2 l_1 \cos\left(\dfrac{\pi}{2} - \theta\right) + v_{BC} \cos\left(\dfrac{\pi}{2} - \theta\right) = \boldsymbol{v}_C \end{cases}$$
	推导公式：
	$$\boldsymbol{v}_C = 2\omega_2 l_1 \sin\theta$$

● 加速度分析

加速度示意图

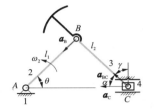

已知：　　　　$l_1 = 2.5\ \text{cm}$，$l_2 = 2.5\ \text{cm}$
　　　　　　　$\omega_2 = 1\ \text{rad/s}$，$\alpha_2 = 0°$

求解：a_C
加速度矢量式：

$$a_C = a_B^t + a_B^n + a_{CB}^n + a_{CB}^t$$

矢量	a_C	a_B^n	a_B^t	a_{CB}^n	a_{CB}^t
方向	$C \to A$	$B \to A$	$\perp AB$	$C \to B$	$\perp CB$
大小	?	$\omega_2^2 l_2$	0	$\omega_3^2 l_2$	?

加速度矢量图

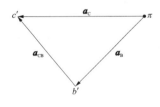

计算方法与步骤：
① 取加速度极点 π，选定作图比例 μ_a
② 由于绝对加速度 a_C 方向已知大小未知，但 a_B^t 和 a_{CB}^t 的大小均为 0，计算法向加速度 a_B^n 和 a_{CB}^n
③ 作矢量图，过 π 点作 a_B（// BA）得 b'，过 b' 点作 a_{CB}^n（// CB），过 π 点作 a_C（$\perp AC$）与 a_{CB}^n 交于点 c'
④ 量得 $a_C = \pi c' \mu_a$

输出构件加速度与主动件转角之间的关系式

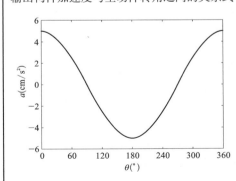

原始方程：

$$a_B^n + a_{CB}^n = a_C$$

推导公式：

$$a_C = 2\omega_2^2 l_1 \cos\theta$$

（3）机构驱动特性

输出力（矩）与主动件转角（位移）之间的关系式 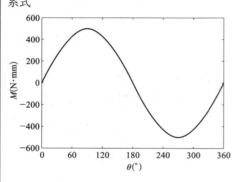	主动件参数	$\omega_2 = 1 \text{ rad/s}$，$M_2(\theta_2)$
	从动件参数	v_C，$F = 100 \text{ N}$
	功能关系	$P = Fv_C = \omega_2 M_2(\theta_2)$
	驱动特性	驱动力矩：$$M_2(\theta_2) = 100 v_C$$

Ⅲ 机构设计

6. 构件参数对机构特性的影响

设计参数	机架杆长 l_1	主动件杆长 l_2	连杆杆长 l_3	从动杆杆长 l_4
设计目标	① 改进压力角 ② 改进传动特性 ③ 改进驱动特性			

对传动特性的影响

（1）对压力角的影响

影响曲线 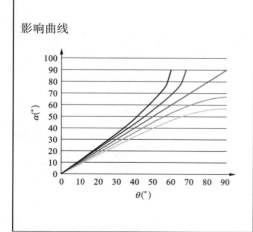	变化参数	杆长 l_2	
	变化值域	原长（cm）	2.5
		偏差	20%
		设计值（cm）	2.1,2.3,2.5,2.7,2.9
	影响规律	随着主动杆长度增加，压力角增加；主动角位移越大，压力角差异越大；且当主动件杆长大于从动件杆长时，会在主动角位移为一特定值时出现卡死现象	

影响曲线	变化参数	从动件杆长 l_3	
	变化值域	原长(cm)	2.5
		偏差	20％
		设计值(cm)	2.1,2.3,2.5,2.7,2.9
	影响规律	随着主动杆长度增加,压力角减小;主动角位移越大,压力角差异越大;且当从动杆杆长小于主动杆杆长时,会在主动角位移为以特定值时出现卡死现象	

（2）对传动函数的影响

影响曲线	变化参数	杆长 l_2	
	变化值域	原长(cm)	2.5
		偏差	20％
		设计值(cm)	2.1,2.3,2.5,2.7,2.9
	影响规律	主动角位移为90°时机架杆对传动性能影响较大。主动杆杆长小于从动杆杆长时,会在主动角位移为一特定值时出现卡死现象	

影响曲线	变化参数	从动件杆长 l_3	
	变化值域	原长(cm)	2.5
		偏差	20％
		设计值(cm)	2.1,2.3,2.5,2.7,2.9
	影响规律	当从动件杆长改变时,会改变从动件最大速度值,机构主动件处于90°位置	

Ⅳ　机构应用
7. 机构可能的应用领域

| 应用举例1：抽水机  | 应用特征：
① 手摇抽水机
② 曲柄为主动件，桶为从动件
③ 曲柄滑块机构演化成移动导杆机构后可应用在手摇抽水机上改变力的方向和大小，从而使原动件与从动件的速度、加速度、位移截然不同，在大气压的作用下将水从井下抽出 |
| 应用举例2：海上能源综合开发平台 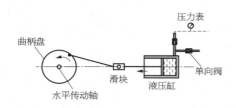 | 应用特征：
① 偏心轮机构
② 曲柄为主动件，滑块为从动件
③ 通过滑块联动液压缸，用于将海风端水平轴旋转的机械能转化成活塞往复运动的机械能，进而转化成液压能 |

参 考 文 献

［1］Ausschuss für Wirtschaftliche Fertigung （AWF）, Verein Deutscher Maschinenbau-Anstalten （VDMA）. Getriebe und Getriebemodelle Ⅰ: Getriebemodellschau des AWF und VDMA 1928 ［M］. Berlin: Beuth-Verlag, 1928.

［2］Ausschuss für Wirtschaftliche Fertigung （AWF）, Verein Deutscher Maschinenbau-Anstalten （VDMA）. Getriebe und Getriebemodelle Teil Ⅱ: Zweite Getriebemodellschau des AWF und VDMA 1929 ［M］. Berlin: Beuth-Verlag, 1929.

［3］Ausschuss für Wirtschaftliche Fertigung （AWF）, Verein Deutscher Maschinenbau-Anstalten （VDMA）. Verzeichnis der AWF und VDMA Getriebeblätter ［M］. Berlin: Beuth-Verlag, 1929 – 1930.

［4］Johannes Volmer. Getriebetechnik: Lehrbuch. 5 Auflage ［M］. Berlin: VEB-Verlag Technik, 1987.

［5］Karl-Heinz Modler. Getriebetechnik: Analyse, Synthese, Optimierung ［M］. Berlin: Springer-Verlag, 1995.

［6］Hanfried Kerle. Getriebetechnik. 5 Auflage ［M］. Berlin:Springer-Verlag, 2015.

［7］VDI-Gesellschaft Produkt-und Prozessgestaltung. VDI-Handbuch Getriebetechnik Ⅰ - Ungleichförmig übersetzende Getriebe ［M］. Berlin: Beuth-Verlag, 1971 – 2018.

［8］VDI-Gesellschaft Produkt-und Prozessgestaltung. VDI-Handbuch Getriebetechnik Ⅱ - Gleichförmig übersetzende Getriebe ［M］. Berlin: Beuth-Verlag, 1971 – 2018.